内在的猩猩

一本正经的情绪进化论

叶庭均◎著

▼

花山文艺出版社

河北·石家庄

图书在版编目（CIP）数据

内在的猩猩：一本正经的情绪进化论 / 叶庭均著 . --
石家庄：花山文艺出版社，2021.5
ISBN 978-7-5511-5637-0

Ⅰ . ①内… Ⅱ . ①叶… Ⅲ . ①情绪 – 自我控制 – 通俗读物
Ⅳ . ① B842.6–49

中国版本图书馆 CIP 数据核字（2021）第 058567 号

书　　名：内在的猩猩：一本正经的情绪进化论
　　　　　NEIZAI DE XINGXING：YIBEN ZHENGJING DE QINGXU JINHUALUN
著　　者：叶庭均

责任编辑：董　舸
责任校对：郝卫国
封面设计：MM 末末美书
美术编辑：胡彤亮
出版发行：花山文艺出版社（邮政编码：050061）
　　　　　（河北省石家庄市友谊北大街 330 号）
销售热线：0311–88643221/29/31/32/26
传　　真：0311–88643225
印　　刷：衡水泰源印刷有限公司
经　　销：新华书店
开　　本：880 × 1230　1/32
印　　张：7.5
字　　数：130 千字
版　　次：2021 年 5 月第 1 版
　　　　　2021 年 5 月第 1 次印刷
书　　号：ISBN 978-7-5511-5637-0
定　　价：49.80 元

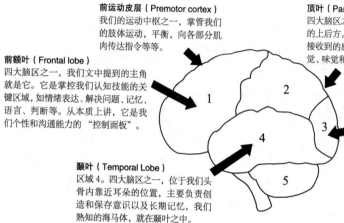

前运动皮层（Premotor cortex）
我们的运动中枢之一，掌管我们的肢体运动，平衡，向各部分肌肉传达指令等等。

前额叶（Frontal lobe）
四大脑区之一，我们文中提到的主角就是它。它是掌控我们认知技能的关键区域，如情绪表达、解决问题、记忆、语言、判断等。从本质上讲，它是我们个性和沟通能力的"控制面板"。

颞叶（Temporal Lobe）
区域4。四大脑区之一，位于我们头骨内靠近耳朵的位置，主要负责创造和保存意识以及长期记忆，我们熟知的海马体，就在颞叶之中。

顶叶（Parietal Lobe）
四大脑区之一，大致位于颅骨的上后方。它负责处理从外界接收到的感觉信息，主要与触觉、味觉和温度，空间感有关。

枕叶（Occipital Lobe）
区域3。四大脑区之一，是哺乳动物大脑的视觉处理中心。

前言

休谟曾经写道："我们只不过是各种知觉的集合体，这些知觉以让人无法想象的速度不停地运转，从而成就了所谓的人。"

让我们从一个小实验开始，看看是不是所有人都能理解情绪的奥秘。接下来准备闭上眼睛，不跟任何人说话，此刻，你能感受到什么情绪？用十秒钟来思考这个问题，你就会明白，要切实地描述出自己所经历的情绪是多么困难。

你喜欢自己的情绪吗？你会期待那些充满抑郁和焦虑的日子来临吗？或者你会享受愤怒、嫉妒或者羞愧的情绪吗？很显然，在这个世界上，没有人会喜欢这些负面的情绪。但是我们会喜欢那些积极的情绪：比如快乐、宁静、幸福。

比如在刚才的小实验中，你可能会感受到压力，因为还有工作、学业仍待完成；也可能感受到快乐，因为得到了他人的夸奖，抑或是将要与友人出去游玩……然而在大多数情况下，我们的各种情绪都会紧紧黏合在一起，比如压力、焦虑、担忧等情绪就经常像战友一样同进同退，快乐、兴奋、激动等也是如此。

很多情绪又会稍纵即逝，比如周游在外，看到故土美食时所引发的乡愁；在路上行走时，无意间与他人对视时所产生的疑惑或是好奇。此外，还有无数无法准确用语言表达，只属于自己的独特情绪，它们不会长期逗留，只会像风一样瞬间吹过心底。

心理学家们将繁杂的情绪归纳为快乐、悲伤、生气、惊讶、反感与恐惧这六大类，就像是色彩中的三原色一样，构成了我们纷繁复杂的情绪生活。积极的情绪促使我们前进，而消极的情绪，其实也是保护我们免受伤害的屏障。正因为消极情绪（如恐惧）的存在，我们的祖先才能在遇到危险的时候，感受到心跳加快、呼吸急促，进而随时准备逃命。

情绪是与时俱进的。比如，在十二世纪，打哈欠象征的不是无聊，而是深沉的爱。情绪也是有差异性的。不同文化背景下的情绪疾病也各不相同，光是记载于权威精神诊断指南中的"另类"情绪疾病数量就不少，如韩国人有"火病"，中国人有"神经衰弱"，马来西亚有"缩阳问题"，印度有"肾亏问题"。可见，情绪虽然举世共通，又会因为文化和地域产生特异性。

随着神经科学的发展，情绪渐渐与我们的思维、观念以及认知联系起来。文化会改变，情绪也会改变，类似"丧"之类的新型情绪词汇，出现的频率只会越来越高。当然，并不是所有的情绪都被人类完全认识或者感受，例如，许多焦虑情绪，仍然无法解释，比如那些存在感极强却又毫无源头的焦虑感。在它们的控制下，我们可能会感到自己必须时刻保持忙碌与警戒，从而耗费大量时间来给自己打上一剂"镇定剂"，以确保所担忧的事情不会发生。

类似的情绪还可能会带来生理上的疼痛感，比如当我们的信任被他人滥用，自尊心受到侮辱时，我们可能会产生生理上的疼痛，从而强迫自己逃离这种负面事件，而不是去直面现实。这时，我们甚至会用"阿Q精神"来进行自我安慰和自我麻木。然而，我们的身心却会因为这种逃避而付出沉重的代价。由于一些如鲠在喉却无力解决的事，我们对所有事都开始感到抑郁、焦虑，因为我们无法发泄出来，失眠便成了这些未决之事最直观的报复。

人类本能上倾向于避免处理那些带来负面痛苦的情绪，因为这种情绪与我们自我感觉的形象背道而驰，甚至会威胁到脑海中的社会价值观。例如：愤怒会使我们想要报复，但却与社会要求的"善"相悖，是不被大众所接受的，于是忍气吞声、大事化小反而成了最优解。渐渐地，我们开始难以准确认识自己的情绪，察觉不到自己只是偶尔的倦怠还是彻底失去了动力。

想要不被社会重压带来的负面情绪困扰，则需要花时间去了解情绪究竟是什么。因为情绪不是一成不变的，随着时间的推移，我们的思维方式已经发生了翻天覆地的改变。比如在古代，人们异地相隔，很可能会因为思念而积郁成疾。然而，在现代社会，即使是远隔重洋，但由于科技带来的便利，我们产生的思念情绪往往要比古人少得多，因为我们的思维方式已经被现代社会的科技以及价值观所改变。只有深入了解情绪的成因，我们才会懂得应该如何应对各种想法，应该做出什么样的行为，应该如何生活。

如空气一样不可或缺、无处不在，却又难以意识到的情绪，既是我们人生中最熟悉、亲密的朋友，又是我们脑海中最陌生的谜团。学会和理解情绪的生成，会提醒我们自己的想法与最终的生理感受之间的联结是多么强大，也会帮助我们了解人类行为、社会文化的力量，这些力量反过来又会塑造我们的情绪。当我们想要正确感受自己的情绪时，则更需要了解情绪来源于何处，此时此刻，它是否就在影响着我们的认知和行为。

目录

01

人类是各种知觉的
结合体

自我隔离的情绪屏障

几乎每个人都被询问过下面的问题：

"出了什么事吗？"

虽然我们的气色以及声音表现出了明显的低落情绪，但我们给出的回答往往是，"没事，我很好"。

显然此时我们并不好，但是我们选择通过隐藏自己来回避不愿开始的对话，不愿谈论的话题，避免情绪变得更糟的可能性。

否认、逃避、自我隔绝的倾向，深深地植根于负面情绪带来的痛苦中。事实上，当一个人感到抑郁时的一个迹象就是他们开始变得安静，或者直接"关机"。比如，声音更为低沉，语调更为平淡……这些改变都传递着一个讯息："我已经受到了伤害，我不想冒着再次加深痛苦的危险去交流，因此，我想要建一堵无声的墙，隔离自己。"

与之相反，也会有人霎时变得焦躁不安、易怒、高度活跃，或是做出一些与其习惯不符的事情，来使自己的注意力从那些负面的情绪中转移。比如，有的人无缘由地失去了食欲，而又有人会突然变成饕餮，化悲愤为食欲，通过无止境的进食来"填充"自己的情绪气球，麻痹自己的痛苦。而这些粗暴解决情绪问题的方式，并不局限于吃，有人烟酒成瘾，有人沉迷游戏，有人放纵自我。每一个人，都有自己处理情绪问题的防御机制，来保护自己免受伤害。

隐形的敌人—负面情绪

我们无时无刻不在被周围的信息所影响，并对这些信息产生思考与情绪，然后带着这些情绪迎接新的信息。我们会从过往的经验中吸取教训，听上去是好事，但其实是一把双刃剑。过去的愉悦以及不适，都随着这些经验被我们带到了现在，就像是一个日复一日变得越来越沉重的情绪包裹，有的变成了搜索如何处理眼前麻烦的"情绪资料库"，有的则形成了"一朝被蛇咬，十年怕井绳"的"情感负担"，我们常看到的原生家庭带来的影响，便是如此。这些"负担"狠狠地勒着我们，成了我们坚持健康生活（如坚持锻炼、戒烟、良好饮食等）的屏障；同时，也干扰着我们人生的规划，影响着我们的亲密关系和对生活的期望。

负面情绪还会欺骗、误导我们，它就像一个被恶魔控制的隐形手套：

•它让我们相信它的存在是合理的。比如：我们被欺负是由于自己的软弱无能，我们生气是因为自己的情绪管理能力差。

•它让我们相信外界的因素，或者他人才是导致负面情绪的关键，它从来不会告诉我们，"自身才是问题的所在"。

这些负面情绪就像是空气中的一氧化碳，无时无刻不在包围着我们，当其积聚到一定程度，就会使我们的大脑"中毒"。负面情绪（如抑郁、焦虑、压力等）的长期积累，会引起我们大脑结构的变化，如海马体的萎缩。而海马体，则是我们进行记忆以及认知行为的重要区域，这也是很多抑郁患者会感觉到自己的记忆力下降，反应变得迟钝的原因。既然负面情绪如此普遍，为什么我们却宁愿承受慢性毒药带来的折磨，仍想要隐藏负面的情绪呢？

不愿揭开的"内伤"

我们竭尽全力去隐藏、伪装负面情绪的原因有很多，这些缘由有一个共同点，就是"恐惧"。最主要的原因很可能是我们不想把自己脆弱的情绪状态暴露给他人，因为这会使我们显得弱小无能。在不同文化中，对于负面情绪的观点都颇为一致，只有弱者才会"自怨自艾"。一丝不挂地揭开自己的情绪伤疤，不仅对自己无益，而且容易让他人以此为弱点来利用、攻击我们。在向他人"展示"自己情绪状态的同时，我们仿佛已经放弃了自己的主动权，任由他人处置。反之，隐忍自己的情绪，往往被视为坚韧不拔的优秀品质，是力量的象征。

与此同时，我们也担忧自己的负面情绪会对他人造成困扰或者引起不快。我们不想因为自己的"琐事"，使他人感到厌烦；也不愿让他人认为我们的情绪出现了崩溃，从而将我们的行为视为孩子气的表现，或者干脆认为我们是可悲的人。我们害怕自己眼中的"重大"事故，在他人眼中不值一提，或者不被理解，反而显得处境尴尬；他人甚至可能会因为这个原因而轻视我们，认为我们反应过度。所以，我们总是想方设法去刻意忽视、压抑自己的负面情绪。

在对待负面情绪的方式上，男女也存在着性别差异。男性更倾向沉默、逃避，因为在社会认知中，如果男性有着脆弱的情感，会严重影响他的男子气概。有趣的是，当小孩子呜咽哭号时，往往男性更喜欢去调笑他们。如果男性在成长过程中难以控制自己内心柔软的一面，也往往会成为同伴们嘲笑的对象。因此，在成年后，个人的自尊以及社会压力，不允许男性释放自己的负面情绪。

女性则更可能是因为害怕被他人评价为"过度敏感"，从而扼制了她们释放情绪的动机。例如，当女性在伴侣面前哭泣时，在不少情况下，男方会感到一定程度的不适，甚至是愤怒。2011年，在顶级杂志《科学》上就发表了一个非常简洁有趣的实验，实验发现：女性情绪化的泪水，会释放出一种化学信息，在闻到这种味道后，男性会"性"趣大减，睾酮水平下降，心理情绪也会变得低落。在潜意识层面，女方伴侣的这种情感流露，则会让男方产生愧疚心理，至少会觉得自己对其负面情绪的产生有一定责任。再深一层的话，由于从男性的孩提时代开始，他们就有着哭泣等同于被他人嘲笑、斥责的认知烙印，这使得在伴侣出现类似行为时，其内心会产生一种难以抵抗的情绪，促使他们将自己与伴侣隔离开来，因为他们并不知道应该如何解决这个问题，这也是很多"冷暴力"的成因。

我们应该采取什么行动？

在探索了那么多隐藏负面情绪的原因后，我们不禁思考，"怎么才能不去压抑自己的情绪，避免慢性中毒呢？"

以社交场景中引发的负面情绪为例，如果我们不去告诉对方他们的言语或者行为不当，那么不管是有意或是无意，他们仍会继续着同样的行为；如果我们不表现出自己的不适，那么他们并不会察觉到他们正在伤害我们；如果我们依旧默默忍受的话，就仿佛是我们明知对方勺子里有砒霜，却仍然张嘴去接一般。

因此，如果期望他人能真正地发生改变，我们不仅需要言语，还需要用行动来表达自己。当然，大部分人都是"性本善"，所以我们没有必要因为他人的无心之过而斥责。但由于他们对事物的认知以及敏感度一如既往，那么我们就需要帮助他们认识到，他们的一些言行会影响到我们的情绪。如果我们不向他们揭示自己的内心，他们永远不可能对我们产生共情，或者提供我们所需要的帮助。没有我们的反馈，即使他们认识到自己的错误，也很难找到改变的方向。

坦诚地表达自己的真实感受并不尴尬。事实上，在很多情况下，我们所认为的尴尬之事，在他人的世界中还不如一条新闻记忆深刻。这个现象有一个耳熟能详的名字，叫作"聚光灯效应（spotlight effect）"。心理学家们在2000年就以此做了一个研究，实验参与者被要求穿着印有令人感到极其尴尬的低俗语句或图片的T恤走在街上，大部分参与者都相信自己的怪异T恤会引来非常大的注意，结果却发现，实际上注意到他们的人数，要比预计的低50%。生活中也是如此，比如当感到脸上有脏东西时，或者不小心摔倒了，我们会觉得全世界的人都在看自己，事实上这个景象在很多人的脑海中停留不足1秒就会转瞬即逝。

人类是一种脸皮很薄的生物，没有厚厚的皮囊与盔甲来保护，如果我们不能在没有外界安慰与支持的情况下去锻炼自我和解、自我接受的能力，我们将永远不能为自己的情绪充电，为我们的大脑解毒。只有变得更为决断，才能坚守住情绪的阵地，不被负面情绪所侵占。因为负面情绪，也是我们生而为人的一个重要部分：释放负面情绪，并不会让我们变得软弱、受伤，只有深入地了解内心的负面情绪，自我接受，才能真正掌控自己的情绪，而不被外界的事物与人所左右。

在乔治·克鲁尼于2009年所主演的《在云端》的结尾就有这样一段话："你的人生有多重？想象一下，你正背着一个旅行包，我想要你感受到背包带在你肩上的重量。现在，我想让你用'人'来装满这个背包。从熟人开始，再到朋友的朋友、同学、办公室的同事，之后轮到你感到最亲密、愿意与之分享秘密的人。接下来是你的兄弟姐妹、你的亲戚、你的父母，最后是你的另一半。你将这些人都放进肩上的那个背包，感受背包的重量。没错，你的人际关系，就是你人生中最为沉重的因素。你感觉到肩带在紧勒着肩膀吗？那是所有的谈判与争论，秘密以及承诺。但是其实你并不需要背着那么沉重的东西，为什么不把包放下来？我们行得越慢，我们死亡得越快。"

 **大脑特工队的宫斗剧**

令人烦恼的情绪谜团

每一个心理学家，都想研究出一种万能解药，让人们自信、快乐、成功，但是想要达到这个目标却宛如天方夜谭。

想象有一台机器，可以让你变得非常快乐，拥有自信，摆脱忧虑，并且清除一切让你不快乐的想法以及感受。相信所有人都会不假思索地说："快点给我吧。"其实这个机器在我们来到地球新手村的时候就已经在我们的装备栏里了，它叫作"大脑"，或者说是我们的思想。

很多人也许开始疑惑了："你是不是在耍我？如果大脑真的像你说的那么好，为什么我的大脑却给我带来那么多痛苦。"

这是因为我们大脑里有一个谜团。即便此时此刻，它也正控制着我们用手拿着书，通过眼睛来进行阅读，而不是用手在挥舞书籍四处奔跑，抑或是大喊大叫，因为我们（大脑）对自己的肢体有着完全的掌控权。但是我们在控制着肢体坐着阅读时，大脑却可能同时在遨游四方，无休止地向我们灌输不相关的想法或者感受，也就是我们常说的"走神"。这显然一点也不合理：作为一个人，为什么我们却无法控制自己的大脑，操控自己的思想？

大脑里的分身

小时候，我们经常听长辈或者老师提到：要有自制力，不要让大脑里的"小恶魔"占了上风。事实正是如此，我们大脑中不仅有一个理智的自己，还有一个情绪化、贪玩的暗黑版的自己。从生物学上说，当我们在母亲子宫里时，大脑还只是一个杂乱的线团，随着我们的发育和成长，各个线条慢慢开始梳理，产生了联结。然而，在发育完全后，人类的大脑仍似一片混沌，并非一块整体，而更像是分开的政权，时而各自为政，时而齐心协力。

我们真正进行思考的区域也并非像我们所想的那样，是整个大脑。通常情况下，负责思考的是我们的前额叶，顾名思义，是头顶到额头部位的大脑区域。另外的部分则更像是无意识的机器，它们没有思维，只会对大脑中枢发来的指令进行反馈，辅助我们进行日常的工作。

总体来看，造物主似乎把我们的大脑设计得很合理，大脑里既有一个发出指令的司令部，又有接收外界信息与传达指令的相关区域。但如果仅仅是这样，显然我们不会有任何情绪问题。可惜的是，大脑中还存在着另一股"恶势力"，它不受我们的思维约束，完全自主，时不时就会扯着大脑的其他区域大喊："我也要思考！"

这时，我们的脑海里就出现了"真假美猴王"的剧情：有一个"六耳猕猴"在"为你思考"，但它用的却是另一种截然相反的思维方式。我们理智的大脑希望有逻辑地进行思考，但"戏精"大脑却更为情绪化，更具戏剧性。

理性与感性的互搏

仅是额叶这一个区域，内部就有很多精细的分支。想象一下：某一天你走进办公室，听到有一个同事在向其他人说关于自己的坏话。这时，你的大脑就会很愤怒，大脑中较为本能的边缘系统大喊："杀了他！"这时，较为理性的眼眶前额皮质区域急忙拦住："等等，等等！我们会暴露自己，我们需要悄无声息地干掉他，好吗？"当然，我们的内疚与良知会适时地出现，不过它们势单力薄，往往很难将大脑中的"极端分子"说服，便只得希冀于大脑中的法官——背外侧前额叶皮层英勇相助，但是得到的回应却显得有些冷淡："我对你们的争斗琐事不感兴趣，我只需要你给我事情发生的缘由与证据，我会进行逻辑的梳理。"腹内侧前额叶区域则更为感性，生气地说："我不明白为什么你们总是以自我为中心，为什么你们从来不考虑他人的感受，我们需要设身处地地思考一下为什么别人会这么说我们。"这时负责大脑各区域交流的扣带回区域终于张口："好吧，我会判断事情到底多严重，然后检索一下我们的记忆仓库，如果我们杀了人会发生什么，如果我们好好去沟通的话又会发生什么。"

不夸张地说，我们的大脑时时刻刻处在"宫斗剧"之中，我们只能寄希望于理智的大脑，而不是让提议"杀了他"的大脑占据上风，获得统治权。你也可以把这种"宫斗"的场景想象成赛马：每当一个事件出现，大脑里的各个区域，就会像跑道上的赛马一样，奋力冲刺，争夺冠军。当某个区域受损，我们的情绪管理能力就会出现相应的损伤。如在19世纪，出现了一位影响了整个学科的临床案例——菲尼斯·盖吉，他在工地进行爆破工作时不幸被钢筋贯穿了大脑，但奇迹一般地活了下来，不过前额叶却被彻底损坏。在康复后，他的一切功能如常，但是却从过去那个平易近人、幽默睿智的盖吉，变成了一个暴躁专横的人。另外，在20世纪获得过诺奖，却又臭名昭著的临床手术——前额叶白质切除术，就是通过简单粗暴的方法，将患者前额叶与大脑其他区域的连接断开，结果造成了很多术后不可逆的损伤。可见，大脑中各个区域，就像是一个电路板，缺少任何一部分零件都会导致短路。

"三国争霸"

如果我们从神经科学的角度来看这个问题，大脑里主要处于"三国争霸"的动荡局势，它们分别掌控着我们的情绪、行为以及思想。就像一台机器一般，在未获得我们允许的情况下，无时无刻想要给我们灌输不需要的思想和情绪，比如，焦虑未来将要发生的事，担忧他人对自己的看法……这个机器有一个著名的称呼，它来源于畅销书《黑猩猩悖论（The Chimp Paradox）》，叫作"内在的猩猩"。

其实，这只"猩猩"才是我们身体的主人，它在我们出生前就掌管着我们的躯体，而我们才是入侵者。因此，如果我们想要在生活中一帆风顺，不被"猩猩"一直打扰，我们便需要深入地了解体内的这位"朋友"。

理智的"我们"掌控着真理与富有逻辑的思维，生活在大脑的前额叶区域；而"猩猩"则操纵着情绪，以及感性的思想，它的活动范围是大脑的边缘系统；另一个夹在"我们"与"猩猩"之间的"国家"则位于大脑的顶叶，它像是一台公用计算机，虽然，计算机本应比我们自己更为理性可观，但是由于"猩猩"的存在，电脑里储存了很多不必要的垃圾文件和病毒，使得我们在运行的时候经常出现死机或者程序运行不畅的情况。

如此一来，我们就像是三国时期的汉献帝一样。怎么才能知道谁在主事呢？其实也很简单，只需要问自己一个问题，

"这是我想要的吗？"说不定你会惊讶地发现，大部分的时间，你都是被奸臣"猩猩"所挟持。

理智与感性的博弈

很显然，同史书中的描述相似，"奸臣"总是有着权倾朝野的实力，总是能先下手为强。可想而知，"猩猩"的实力要远远强于我们的理性。如果想要反败为胜，便需要极其智慧的谋略，并且刺探出"猩猩"的弱点。

小时候，父母在出门上班前会告诫我们不要看电视、玩电脑、偷吃零食。然而，当他们前脚迈出房门，我们的"猩猩"就开始操控我们去吃一小口零食，打开电视看5分钟，之后还会一直进谗言："家里那么多零食，吃一小口他们根本发现不了。""离他们下班还有一整天，再多看1小时电视也无妨。"结果可想而知：当父母回来的时候，就会说："你嘴里怎么有一股奶糖的味道？""这电视怎么这么烫？"这时，理智的我们才恢复掌控权，意识到了错误，开始向父母道歉，并承诺下不为例。

这就是"猩猩"操控我们的固有模式，它的行动总是能先于我们的理智。这时我们就需要联盟中立国"计算机"，让它成为我们驾驭"猩猩"的项圈。我们需要时刻关注计算机的动态，清除多余的任务与程序，在"猩猩"霸占计算机时，设法夺回控制权。

人类生于丛林，遵从"猩猩"的指令，其实才是真正的自我。我们并不是为现代社会的结构而生的，近百年的现代社会，相较于数百万年的人类进化史，只是沧海一粟而已。但是，如果我们想要在现代社会中生存并且成功，就必须反其道而行之，抛开自己的天性，学会克制。就像是有的人养了一只狗，当狗咬了人，我们不能把责任推卸给狗，因为我们才是狗的主人。对待猩猩也是如此。我们不能把自己的享乐行为归咎于"猩猩"，如果你考试前没复习，成绩不及格，老师在听了你的"猩猩"理论以后，说不定会让你在写一篇检讨书的基础上叫家长 。

因此，我们需要在"计算机"里设定一个防火墙，时刻提醒着我们需要定期杀毒，学会自律，而不是让"猩猩"释放自己的本能。虽然这个过程困难重重，但是我们之所以能称为人，且发展到如今的高科技社会，依靠的就是体内理智

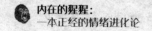
的人性，而不是动物性。

"一切利己的生活，都是非理性的、动物的生活。"

——列夫·托尔斯泰《最后的日记》

情绪与疼痛的联结

　　情绪有着强大的能量，像一壶烧开的热水，热汽过剩时就会溢出。为了能将这些感情压制下来，我们的大脑和身体，有着充满创造性的技巧，比如，收紧身体的肌肉，屏住自己的呼吸。焦虑以及抑郁这两大在全球迅速蔓延的心理疾病，就很大程度上源于我们过度地压抑各种与生俱来、无法忽视的负面情绪，当这些情绪超出我们的承受范围时，就给我们的大脑以及身体施加压力，形成了心理上的困扰以及临床心理疾病的症状。

　　不论在什么文化背景下生活，我们在社会中学到的往往不是如何去应对自己的情绪，而是怎么去屏蔽和逃避它们。讽刺的是，在这个方面，我们通常做得还不错，酒精、药物以及电子屏幕，成了我们逃避自己真实情绪的利器。然而，当开始意识到情绪的存在，我们却用小时候就习得的经验来应对，比如"打碎牙往肚子里咽""做个坚强的人"，恨不得用球拍将负面情绪击飞。这种被动的应对方式，显然对我们的身心健康不益，就像是在开车行进时，油门与刹车一起踩，损伤的是汽车（我们的身心）的引擎和零件。

正如前文提到的，大部分人都在无意识的状态下被脑内的"猩猩"所控制，当真正意识到这些情绪的能量时，学会接受自己的情绪就显得尤为重要，这样才能对自己情绪的调控起到很大的作用。

人生有时候就像是情绪的过山车，起伏不断。我们不禁开始思考，自己的情绪是怎么从头脑里产生，又释放到身体的其他部位(比如免疫系统)上去的呢？这其中蕴含着无数的科学原理，即"身心联结（mind-body connection）"。

情绪与疼痛共享着我们的大脑

心理健康与生理健康，往往是相辅相成的。让我们用一个最简单的例子来理解这种紧密的身心联系，即心理学中著名的"安慰剂效应"。

设想一下，现在有一个人感到身体疼痛，另一个人给了他一颗糖丸。显然，这颗糖丸对疼痛起不到任何作用，但是这个人告诉病患，这颗糖丸能缓解他的疼痛。有趣的现象就发生了：这个患者觉得疼痛开始减轻，并认为自己开始康复。很多家长就是用这招来"哄"受伤的孩子，我们常说的多喝"热水""红糖水"也是利用了这种安慰剂效应。

大部分人会认为这只是一个心理效应而已，但是事实上，这种心理效应也会映射到生理上。因为当一个人感到疼痛时，他的心率会增加，呼吸会变得急促，但当我们给了他一颗"安慰"糖丸时，他的心率和呼吸便会出现下降的情况，这与止痛剂带来的镇静效果是相似的。

感受到疼痛时，我们总是会觉得只局限于受伤的部位，但事实上，疼痛这种感受，是在我们的大脑中进行加工的。正因为如此，有的人会在受伤或是术后痊愈之后，仍然能感受到长期的疼痛。有的人甚至在截肢之后，还能经常体验到幻肢痛。

在2013年，科学家们对一组长期背痛患者跟踪调查了一年，对他们进行大脑成像的扫描。结果发现，在最初阶段，这些背痛患者的疼痛信息是切切实实在大脑的疼痛中心进行处理和激活的。有趣的是，当他们达到康复的临床标准后，却仍然感受到莫名的背部疼痛，因为他们大脑激活的区域并非疼痛中心，而是情绪加工中心。很多偏头痛、风湿病、关节炎的患者也是如此，即使已经痊愈，但是大脑却仍然会持续生成疼痛的情绪信号。

这也说明生理上的疼痛，不仅仅是由身体上的疾病和损伤引起的，压力以及情绪同样起着重要的作用。通常来说，当一个人产生生理疼痛时，也意味着有情绪上的问题亟待解决。无数研究证明，情绪上的问题，不仅仅与心理疾病相关，还与心血管疾病、肠道疾病、头疼、失眠以及免疫系统疾病有着紧密的联系。

负面情绪带来疼痛

由于我们的情绪与大脑的感知区域有着密切的联系，因此我们所感受到的情绪，在一定程度上会在我们的生理感受上表现出来。

我们的负面情绪，比如恐惧、愤怒、悲伤、焦虑、抑郁，就像是大脑中燃烧的火，而疼痛就像是燃料，让这团火焰持续燃烧。想象一下，每天伴随着疼痛醒来，你是否会同时感到压力、挫折以及愤怒？因此，患有长期疼痛病症的人，大概率地会患上情绪与焦虑等疾病。反之，抑郁、焦虑的患者，患上长期疼痛疾病的概率要比健康人群高上三倍。

这就像是一种恶性循环，伴有长期疼痛的患者，往往会选择避免锻炼，或者是社交，从而容易引起心理疾病。心理疾病患者同样如此，由心理问题导致生理上的疾病。

直至今日，神经科学家们已经通过各类的研究发现，一个人经受的负面情绪和困扰越多，他的焦虑感也就越强。身体里的情绪中枢之一（迷走神经），就在这个过程中扮演着重要的角色：它会对大脑里产生的情绪做出相应反应，然后传送反馈信号到我们的心脏、肺以及肠胃。这些信息帮助我们的身体做好准备，去应对潜在的危险。这个自动快速的古老应激系统，是在我们无意识的情况下进行运作的，这也是人类生存数百万年而不被大自然所淘汰的原因。当我们出汗、心跳加速、呼吸急促的时候，就是我们身体应对压力时的应激反应。这时，我们的身心有两个进程，大脑的压力应对中心（下丘脑垂体）释放出应对压力的荷尔蒙，与此同时，我们的肾上腺也会释放肾上腺激素，正是这些进程，才创造出了我们面对压力时所体验到的各种感受。

当我们长期处于负面情绪的压迫之下，比如需要长期照顾卧床的病患亲人，数年都处于婚姻破灭或是失业的压力下，我们身体就难以持续分泌出那些对我们有益的荷尔蒙，而这些荷尔蒙正是我们身体应对衰老、对抗发炎、恢复伤口、阻止癌症恶化等情况的良药。因此，长期的负面情绪，会降低我们的免疫力，使整个免疫系统变得迟钝，甚至引发生理上的疾病和疼痛。

因此，被负面情绪困扰的我们，会更容易被外界的病毒（如流感）所侵扰，当我们去医院接受治疗，效果也会打上相应的折扣。当我们身体受伤时，伤口恢复所需的时间也会更长。我们都知道，流感病毒才是我们患上流感的真凶，外在的创伤是我们伤口疼痛的源头，基因和环境突变是导致我们癌变的原因，负面情绪虽然并不是罪魁祸首，但却能极大地加剧这些恶性事件。

美景带来良好的情绪与健康

思考一下，那些最贵的公寓、别墅、私立医院，是不是大部分都是拥有无敌海景或者山景呢？无论文化、性别、职业、教育程度如何，人类都是一种喜欢看优美景色的生物。那么，当我们看到这些优美的景色时，我们的大脑内发生了什么呢？

2007年，心理学家们发现，我们的大脑中有一块区域，叫作"海马旁皮层（parahippocampal cortex）"，这个区域在我们看到自己喜欢的景色时会被激活。心理学家提出了一个理论，就是这块大脑区域，充满着"内啡肽"——一种能带给我们快乐的激素。当我们看到美景时，就像是大脑给我们打了一剂内啡肽针，让我们感受到快感。这是为什么人类本能地喜欢亲近自然，喜欢旅游，也是健康领域的专家建议我们多出去与自然互动的重要原因之一。

1984年，顶级的学术期刊《科学》上，发表了第一篇证明外在环境能影响人的健康、康复程度的文章。心理学家 Roger Ulrich 设计了一个非常简单而巧妙的实验，他在医院以做了胆囊手术的患者为观察对象，这些患者都接受着相同的医疗，由相同的医生护士看护，唯一的区别就是有的患者病房里有一扇窗户，可以看到窗外成长的大树，而另一些患者却能看到一面砖墙。结果发现，仅仅这么一个窗户席位的差别，却能带来极大的康复差异。那些窗外能看到树木的患者，康复所需的时间与和止疼药的需求更少。另外，在护士的观察笔记上，这些患者的情绪记录也更为积极。

马克·吐温曾写过："愤怒是一种酸，它对储存它的容器的伤害，要大于它对任何接触它的物体的伤害。"这句话就形象地刻画出了我们所处的心理世界：负面情绪对我们的心理以及生理健康有着不益的影响。为了应对这些负面情绪带来的隐性伤害，我们需要认识到脑内"猩猩"的存在，学会中和负面情绪带来的"酸性"，再慢慢将这些情绪释放出去。

情绪观察记录

了解情绪模型：
如何停止不开心

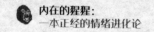

情绪的维度：积极情绪与消极情绪的对垒

对于我们每天所体验到的各种情感，心理学家们使用了一个二维模型来对它们进行分类。设想你在阅读一本书，如《指环王》，这本书里包含的任何情感都可以在某个维度上找到它们的坐标，结合其主要性质，大致能被分为"好"或是"坏"，"开心"或是"伤感"。因此，当罗汉铁骑大军冲向兽人时抑或是霍比特人最终摧毁魔戒时，你会感到既兴奋又快乐，情绪高涨；另一方面，如果你处在奇幻的中土战场，你会因为罗汉国王的阵亡而伤感，会因树精领地被兽人焚毁而悲恸，在这种沉重心境下，沮丧感可能是负面情绪和缺乏兴奋的结合。

人们需要快乐，就像需要衣服一样。同样地，快乐并非是我们唯一的"衣服"，也不是唯一能让我们保持健康的情绪，兴奋、愉悦、骄傲等情绪同样不可或缺。

如同进化一般，同一祖先的生物可能会在漫长的演化过程中出现无数的进化分支和物种，来保持种群与生态系统的多样性。2018年，来自美国与德国的心理学家们就曾思考，是不是正因如此，人类才进化出如此多样且独特的情绪，并得以通过多维度的情绪来保障自身生理以及心理的健康，即防止自己被某一种情绪完全主导。

心理学家们招募了175个中年人，要求他们在一个月的时间里每天记录自己的不同情绪，感受不同情绪的频率以及强度。这些情绪包括16种正面情绪（如热情、感兴趣、放松等）以及16种负面情绪（如害怕、失落、紧张不安、疲惫等）。在6个月后，这些中年人的血样将会被采集以用于检测他们的生理情况。

在我们进行更深的情绪探索前，不妨来看一看两个情绪维度中各自有什么成员。

积极情绪维度：

热情（enthusiastic）、感兴趣（interested）、坚毅（determined）、兴奋（excited）、愉快（amused）、有灵感（inspired）、警戒（alert）、

活跃（active）、坚强（strong）、骄傲（proud）、聚精会神（attentive）、快乐（happy）、放松（relaxed）、鼓舞（cheerful）、舒适（at ease）、平静（calm）

负面情绪维度：

恐惧（scared）、害怕（afraid）、失落（upset）、痛苦（distressed）、神经过敏（jittery）、紧张（nervous）、羞愧（ashamed）、内疚（guilty）、易怒（irritable）、敌意（hostile）、疲惫（tired）、迟钝（sluggish）、困顿（sleepy）、阴郁（blue）、悲哀（sad）、昏昏欲睡（drowsy）

总体而言，每天都报告体验到多样情绪维度的人，患上炎症的概率比体验到较少情绪维度的人要低，即使他们感受到积极情绪的频率相似。研究者们控制了这些被试人群的性格、体重、药物、健康程度以及人口特征后，这个结果仍然没有变。

可见，广维度的积极情绪，有利于维持我们身体的健康。令人惊讶的是，在另一个维度（负面情绪）中，却没有观测到我们预想的结果，对于炎症来说，人们是否经常经历负面情绪，似乎无关紧要。

在生活中，我们也可以通过记录情绪来最大限度地利用各种情绪带来的益处。我们每天的生活被各式各样的情绪所灌注，将这些情绪进行简单的标注以及分类，能帮助我们更了解自身的内在情绪，并能够在心理上识别哪些场景能让我们感到放松、平静，哪些场合能使我们兴奋。这个方法也被很多心理医生推荐给来访者使用。

不同文化中的情感差异

尽管情绪的标尺看似世界皆准，但事实上，在不同的种族、文化群体中，情绪所代表的含义以及带来的影响也是不同的。

我们在遇到压力时，体内会分泌一种叫"皮质醇"的激素来进行应对。心理学家们实验发现，美国人在产生负面情绪时，体内的皮质醇分泌更明显；而有趣的是，对于日本人来说，他们虽然报告了更严重、更广维度的负面情绪，但是这些负面情绪与他们皮质醇分泌的关联性却微乎其微。结合我们平时所了解到的美国人个性张扬与日本人压抑自律的社会文化差异，这种情绪上的差异也就不难理解了。

这些差异从何而来？如何将文化和我们的情绪与健康结果联系起来？研究表明，当我们处于不同文化群体时（如东亚文化，盎格鲁撒克逊文化等），即使是同样的情绪，也会由于文化的不同而对其产生不同的理解。

一方面，西方文化鼓励独立自我的认知。情感被认为与一个人的内在属性和个体责任紧密相关，因此，人们通常积累和最大化个体的积极情绪来追求幸福。反之，消极情绪因其阻碍健康的性质而常常被认为是"无用的"和"应避免的"。此外，消极情绪可能会被解释为"有害"，因为它们可能代表着对自身的威胁。这种本能上所感知到的威胁感，便会带来压力，并最终损害健康。

另一方面，在东方文化中，关于情感的民间理论深深根植于佛教和儒家的历史辩证传统中，例如过犹不及、中庸等哲学观点，为积极情绪和消极情绪共存提供了更为平衡的空间。东方文化认为积极情绪和消极情绪不是相互排斥的，而是"相辅相成"且具有"周期性的"。相较于西方文化中，情绪更容易被个体内在特质以及责任所影响的观点，东方文化更倾向于认为情绪更易受外在情境的影响。因此，东方人对负面情绪的理解更为温和，同样也可能会降低他们日常生活中所感受到的压力，从而减轻了他们对身体健康的某些不良影响。

东方视角与西方视角

2001年，日本的社会文化学家增田贵彦和同事做了一个实验，分别向日本人与美国人展示水下鱼缸的图片。当看这类场景图时，美国人更注重于图中焦点图像（个体因素），比如鱼，而日本人则更注重于背景（情境因素），比如水草、珊瑚、岩石。当最初图片的物体被放置在新的环境时，由于失去了先前的背景因素，日本人识别原事物的准确度要远低于美国人。

之后在2004年，他们又通过向被试者展示卡通形象来进行实验，结果发现相比于美国人，日本人更倾向于通过脸廓来辨别表情。在2012年，另一些心理学家也发现东方人更倾向通过眼周围的肌肉判断表情，而西方人更喜欢通过嘴周围的肌肉判断表情。这些研究的发现，说明了文化因素的巨大影响：亚洲人更能注意到情境因素，而西方人则更注重于个人行为。另一个由莫里斯和彭开平在1994年所做的研究发现，中国人和美国人在分析社会性事件时也有着不同的视角：

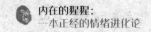

美国人更关注内在因素，而中国人则更关注外在因素。当报道同一个谋杀案时，英文报纸更注重于杀人犯的个人因素，而中文报纸则更注重于外在情境。

情绪的共通

尽管在整个地球村，每个种群、每种文化都对情绪有着不同的理解，但总体上来说，人类对情绪的认知是相近的。其中，最为著名的研究莫过于心理学家保罗·艾克曼于1967年前往巴布亚新几内亚所做的情绪实验，他选择巴布亚新几内亚，是因为那个小岛与世隔绝，岛上的居民仍处于石器时代，未与外部世界有过任何接触。令人惊奇的是，当艾克曼博士询问与情绪相关的问题并让他们做出相应的面部表情时，他们的表情与外部的人类世界是一致的。

每一种情感都能在积极与负面的二维模型中找到合适的坐标，就像是害怕更进一步会成为恐惧，生气更进一步会发展为愤怒。这些极性，正与负，高昂与低落，影响着我们的心理状态，因此也影响我们的身体健康。因为究其根本，心理学也是生物学。当涉及我们情绪的物理影响时，它几乎可以按照我们预期的方式进行。幸福是有益的，而长期的愤怒或沮丧会使我们容易遭受各种健康与福祉问题的困扰。但庆幸的是，如果我们生气或难过，我们常常会高估不良情绪的持续时间，而低估了我们适应创伤和从创伤中恢复的能力。即使情况非常糟糕，甚至令人绝望，但就如同"阴阳"一般，我们的情绪最终能调和出一种内在的平衡。

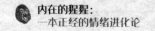
负面情绪的混沌宇宙

我们自幼就经历各种情感，当成年人试图驾驭现代生活的混乱时，一天内所经历的情感范围也可能会发生巨大变化。

由于我们感知和回应情绪的能力通常被认为是理所当然的，所以我们很少停下来思考，并密切关注自身的感受。我们不认为这些情绪会对心理和生理状态产生影响，也不认为负面情绪的长期存在可能会对身心健康有害。

在这一节，我们将更深入地探索情绪——尤其是负面情绪，以及造成这些情绪的原因，这些情绪的影响以及我们如何利用它们来创造一种强烈的幸福感。

什么是负面情绪？

区分什么是情绪（emotion）和什么是感受（feeling）

很重要，虽然两者相互关联，看起来并无不同，但它们之间的差异比你想象的要大得多。

情绪被认为是"低级"反应，它们首先发生在大脑的皮质下区域，例如杏仁核和腹侧前额叶皮层，这些区域负责产生能够直接影响我们身体状态的生化反应。

经过漫长的演化，情绪被编码到我们的DNA中，并被认为是一种可以帮助我们快速应对身边各种潜在威胁的工具，就像人体中最为根本的"战斗还是逃跑（fight or flight）"反应一样。另外，杏仁核不仅是我们的恐惧中枢，还被证明能释放与记忆相关的必不可少的神经递质，这就是为什么我们充满情感的记忆事件通常更强烈，并且更容易回忆。

情绪比感受具有更强的生理基础。在科学研究中，情绪更容易通过诸如血液流量、心率、大脑活动、面部表情和肢体语言等生理线索来客观地进行测量；另外，情绪往往先于感受产生，感受更像是我们对于自己所经历情绪的一种反应的表达，情绪往往在人类群体中具有广泛性，反观感受，则更容易被主观的个人经历和对外部世界的个人理解所影响。由于感受是如此主观，所以科学家们也无法像测量情感一样来测量它们。

前文提到的著名的心理学家，同时也是美剧《lie to me》的原型，保罗·艾克曼的情绪研究发现，情绪是全世界共通的。在1999年，他进一步定义了六种基本情绪：愤怒（anger）、厌恶（disgust）、恐惧（fear）、快乐（happiness）、悲哀（sadness）、惊讶（surprise）。

之后他又进一步充实了这个情绪库，增加了另外十一种基础情绪：愉悦（amusement）、轻蔑（contempt）、满足（contentment）、尴尬（embarassment）、兴奋（excitement）、内疚（guilt）、骄傲（pride）、释然（relief）、满足（satisfaction）、感官愉悦（sensory pleasure）、羞愧（shame）。

心理学家将负面情绪定义为"一种令人不愉快的情绪，引发对外部事件或个人的消极影响"。通过阅读之前的情绪维度表以及艾克曼基本情绪列表，我们可以很容易地判断出哪些成员能被定义为"负面"情绪。

尽管我们可以使用"负面""消极"等标签来定义不益的情绪，但是我们仍然需要理解，所有情绪都是存在完全合理的正常体验，它们是我们DNA中根深蒂固的一部分。重要的不是排斥负面情绪，而是了解何时以及为什么会产生负面情绪，并发展积极的行为来应对。

8种常见的负面情绪

随着逐渐踏入情绪宇宙，我们发现负面情绪并非那么可怕。没有它们，我们将无法欣赏积极，感受快乐。与此同时，如果我们发现自己始终倾向于一种特定的情绪，尤其是一种消极的情感倾向，则意味着是时候去探讨为什么会如此了。

接下来，我们来看看8种最为常见的情绪以及它们出现的原因：

愤怒

有没有人制止你去做你想做的事情？你感觉如何？你体内的血液会上涌吗？体温会升高吗？眼里会不会充血？所谓"怒发冲冠"，便是非常形象地描述了愤怒情绪。这是因为，当事情不如我们所愿时，我们的身体会对其做出反应，进行矫正的尝试。

当生气时，脸色会成为我们愤怒的标尺，我们可能大喊大叫，甚至出于发泄的目的乱扔东西。此时，我们正在尝试以一种自己的方式来应对使我们愤怒的情况，这往往是我们遇到愤怒事件时的唯一解决途径。如果我们经常以这种方式对愤怒场景做出反应，那么，最好去探索其深层原因并提出更积极的策略。

烦恼

在公共场所时，你的邻座是不是手机外放的声音很大？你的舍友是否总是将脏盘子留在水槽中？尽管我们并不厌恶他们，但这些行为会使我们感到非常烦恼。在情绪维度中，烦恼是一种较弱的愤怒形式。尽管其激烈程度不如愤怒，但我们大脑对于这两种情绪有着相似的处理方式——发生了某些事情，或者某人正在做你讨厌的事情，并且你无法控制它，这时你就会开始烦恼。

恐惧

恐惧经常被认为是最基本的情感之一，正因为如此，我们的大脑里有一个特定的区域来应对恐惧，即我们之前所提到的杏仁核，因为恐惧与我们的自我保护意识紧密相关。这是生物在进化过程中不断演变的结果，旨在警告我们有关危险情况、意外或事故的信息。正视恐惧情绪并探究其产生的原因，可以帮助我们主动做好应对潜在挑战以及威胁的准备。

焦虑

就像恐惧一样，焦虑同样在试图警告我们潜在的威胁和危险。人们通常认为这是一种消极无益的情绪，因为焦虑的性格会影响判断力和行动能力。新的研究发现了相反的结论：焦虑增强了人们识别带有愤怒或恐惧表情的面孔的能力，即在一定程度上增强我们对潜在威胁的感知；另外，适度的焦虑感能提高我们能力的发挥，比如每个人在演讲前都会感受到焦虑，这种焦虑感能帮助我们精神高度集中，以此来应对即将来临的"危险事件"——演讲。

悲哀

当我们成绩不佳或无法完成他人托付的工作时，我们可能会感到难过；当我们对自己的能力、成就或周围其他人的行为不满意时，就会产生悲伤的感受。经历悲伤可能是件好事，因为它表明了我们对某件事充满热情，它可以成为追求变革的强大催化剂。

内疚

内疚是一种复杂的情感，可以与我们从未希望发生的行为有关，也可以与我们的行为如何影响周围的人有关。内疚

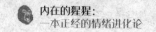

通常被称为"道德情感（moral emotion）"，并且可以成为鼓励我们改变生活的另一种强大催化剂。

冷漠

像内疚一样，冷漠可能是一种复杂的情绪。如果你对以前喜欢的事物失去热情、动力或兴趣，便可能与冷漠有关。它又像愤怒一样，当我们失去对情节或情况的控制时，就会出现冷漠，但是我们不会生气，而是选择更为被动的叛逆表达。很多时候，亲密关系中的"冷暴力"就是如此。

绝望

有没有过多次尝试尽全力去完成某项任务或目标但没有成功的体验？这种感觉令人绝望，这是我们无法获得想要的结果时产生的一种情感。绝望为我们提供了放弃期望目标的借口，成为一种自我保护的策略。在继续追求具有挑战性的目标之前，绝望感实际上是一个有用的提醒，告诉我们是时候休息一下了。

负面情绪从何而来，为什么我们会有负面情绪？

一旦开始更多地探索负面情绪，我们便可以真正了解可能导致或触发负面情绪的原因，以及我们为什么会拥有这些情绪。

就原因而言，周边世界瞬息万变，引发不同情绪的因素自然不可胜举，例如：

- 进行第一次全校演讲时感到焦虑。
- 在开车时被他人不恰当的开车方式所影响，导致"路怒"。
- 情侣分手，至亲离世时的悲伤。
- 为同事没有及时完成重要项目的工作而恼怒。
- 对自己无法坚持目标感到绝望。

情绪是一种起始信息，可以帮助你了解周围的事物。负面情绪更是如此，它们可以帮助你识别威胁，并准备好积极应对潜在危险，有时它还能让你肾上腺激素飙升，获得更好的发挥。

生活中许多的经历都会激发出不同程度的情感反应。作为人类，你将在一生中经历各种情绪，以应对瞬息万变的情况。

我们需要克服并且屏蔽所有负面情绪吗？

简而言之，不需要。

对于我们来说，想摆脱让自己感到不适的情绪是很正常的。现代世界中，人类可以说是万物主宰，而负面情绪作为一种进化出的本能反应，并不能真正表明外界是否有对我们产生实质威胁的事物，完全克服和阻止它们对我们来说，显然是不利的。

负面情绪是生活中非常正常、健康和有益的部分。在情绪世界中，重要的是不要陷入"幸福陷阱"，不要认为这些负面情绪是虚弱或无能的象征，试图躲避负面情绪反而容易导致进一步的情绪痛苦。

作为人类，我们将在一生中经历各种情绪，以应对瞬息万变的情况。没有任何情绪是无目的的。当我们开始进一步探索并理解每种情绪背后的目的时，我们将学习新的应对方式，以支持我们的情绪成长，寻求幸福感。

在探索负面情绪时，我们需要明确，它们并不是我们所能获取的唯一信息来源。在对任何情绪采取行动之前，还应该寻求检索以前的经验、大脑里所存储的知识和记忆、个人价值以及在任何给定情况下的预期结果。要记住，情绪是一种低级的本能反应，因此，你拥有对情绪反应方式的决定权，而不是让它们劫持你的行为。

负面情绪的影响

"负面情绪是我们生活中健康的一部分"，尽管明白这一点很重要，但给予其过多的自由统治，自然也会带来不利的一面。

如果你花太多时间专注于负面情绪，以及可能造成负面情绪的情况，便可能会陷入"反刍思考（rumination）"。这是一种对自身消极的情绪状况和个人负面经历不断思考、重放或困扰的倾向。比如在某一次演讲，或是工作汇报时出了大纰漏，被同僚嘲笑，领导责骂，有的人便会经常在记忆中不断回放这个丢人失败的场景，导致此后每次有类似的任务出现时，都会焦虑万分，害怕自己搞砸，想要逃避。

罗曼·罗兰在《贝多芬传》中写道："痛苦已在叩门，它一朝住在他身上之后就永远不再隐退。""反刍思考"便是如此，在这种消极思维循环中，你最终会对自身以及事件的情况感觉越来越差，其结果可能会对身心健康产生许多不利影响。"反刍思考"的问题在于，它会增加大脑的压力反应回路，这意味着你的身体不必要地被压力激素皮质醇所淹没。大量研究表明，这是导致临床抑郁症的重要原因之一。

与此同时，这种"反刍思考"的倾向与大量有害的应激应对行为（如暴饮暴食、吸烟和饮酒等）以及不良的身体状况（包括失眠、高血压、心血管疾病以及临床焦虑和抑郁等）相联系。另外，在经历了负面情绪之后，长时间沉浸于"反刍思考"的人，比普通人需要更长的时间才能从负面情绪带来的生理影响中恢复过来。

"反刍思考"就像是一个沼泽，容易踏入却难以走出，尤其是大多数人根本没有意识到自己已经陷入了"反刍思考"的沼泽中，反而误以为正在积极地解决问题，这可能就会进一步影响身心健康。

▪▪▪▪ 我们的思想，也是情绪的工厂

自我认知的成长旅程

人的一生是一段奇异的旅程，在成长的过程中，每个人都会遇到一个美妙的时刻：大约在你一岁的时候，或早或晚，作为一个幼儿，会在照镜子的时候突然灵光一现："噢，这是我自己。"你挥手，镜中人也挥手；你做鬼脸，镜中人也以鬼脸回应。这就是你作为人类，第一次认识到自己物理存在的时刻，从此我们开始对自己有了物理上的认知。

不过，这时年幼的你并没有发展出对自己情绪的认知。时间飞逝，你到了两岁，开始有了自我意识。当你被爸妈带去超市，你会对眼前琳琅满目的商品充满着好奇心，你会对各种食物产生渴望，但是这时你发现，父母并无法感受到你"想要"的情绪，他们也是独立的个体。因为这个"隔阂"的存

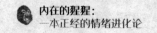

在，人们才总会看到婴儿不断哭闹，而父母不知所措的场景。

那该怎么办呢？还得等等，直至三到六岁时，你才开始真正产生"自我"的认知，这时你还掌握了一个会不断升级的武器，它便是语言。你明白了它是一种表达自我的声音，并且能帮助我们标注外面的世界，这时外面的世界不再仅仅是各种颜色和形状的组合，开始有了更具象的概念，你认识了桌子、椅子、车、门、猫、狗……这时的你，每天可以学10个左右的新词。

步入少年后，这时的你开始对世界有了更为具象的认知，慢慢习得世界的规则：为什么鸟儿是鸟儿？为什么爷爷是爷爷？……有趣的是，理论上，少年阶段在9岁就结束了，但是大部分人仍然停留在此而从未走出去过。你生活中遇到的很多人，他们的实际年龄虽然在持续增加，但心理年龄仍然是9岁，这就是近年来我们常说到的"巨婴"。

当步入青少年阶段时，我们会尝试"破茧"，试着去打破之前学到的规则，看看规则外的世界是什么色彩，这就是青春期。但是，在这个阶段，我们会发现很多家长，尤其是中国家长，会选择狠狠压制这种萌芽，因为"这是不好的""这会影响学习"。那么，冲突就出现了：家长要求孩子不要玩手机，但是现代的孩子不可能抛弃手机；家长想要孩子诚实如一，但是他们自身却时常言行不一。无论结局谁赢谁输，孩子最终都会如他们青年时的愿，即离开家庭。

当你以为自己终获自由之后，却没想到还有一个更强硬的"家长"在等着你，这个家长便是社会。你开始磨平棱角，抛开叛逆，学会遵循规矩，懂得了一个学位、一份工作的重要性：它们能给你带来一处稳定的居所、一份稳定的感情和生活。你开始依照社会的规律，亦步亦趋，攀爬着生活的阶梯。即使你心中对甲方有着再多的怨念和不满，还是会用隐忍来解决问题。

当你渐渐成熟，已到"不惑之年"，你的生活可能会出现一些危机，使你开始重新审视社会的规则，质疑存在的意义。这些危机可以是至亲的离世，感情的不顺，工作的疲惫……你循规蹈矩数十年，为什么事情的发展却不遂人愿呢？这些问题贯穿人的一生，它们成为负面的情绪以及痛楚。

这时，人们往往用最简单的方式来应对这些负面情绪，即自我麻痹。我们大脑里的"猩猩"早就注意到了我们的痛楚，便借李太白之口，来对我们"谆谆教导"："人生得意须尽欢，莫使金樽空对月。"当我们质疑生命的意义时，"一饮三百杯"显然是最简单的麻痹方式：如果在今晚喝醉了，那么至少在今晚，这个令人困扰的哲学问题不会叨扰自己。只不过有的人每周都在进行自我麻痹，而有的人，甚至每晚都是如此，直至荒废。稍微理智一些的人都会明白，酒精能使大脑遗忘问题，但却不能解决问题，在第二天，问题总会回来。

作为人类，我们显然不会在一棵树上吊死，这时自然就出现了另一种方法，即"注意力转移法"。最简单有效的方式就是寻找一个新的兴趣，比如阅读、音乐，或者是健身。当我们的身体被故事情节所吸引，抑或是被健身教练折磨得筋疲力尽时，我们的大脑会分泌出内啡肽等"快乐"分子。性爱、购物、工作，同样是我们大脑对这些情绪问题进行逃避的常用方式，正因为如此，我们生活中才会有纵欲狂、购物狂、工作狂，有时候并非他们真的想要如此，只是大脑里有一种难以察觉的逃避思维操控了他们而已。

为什么我们不应过度相信自己的情绪

成年以后，我们很容易产生一种错觉，即情绪是可靠的，它指导着我们、我们身边的人，甚至是整个外部世界。这种过度理想化的观点，被称为"透明窗格心智理论"，表示我们能用"眼睛作为心灵的窗户"，就像是通过一块没有扭曲的、无瑕疵的玻璃观察外部世界一样。

然而，人类悠久的哲学历史，则昭示着一个更加棘手的真理。这种哲学思想学派，始于公元前三世纪的古希腊，被称为"怀疑论（skepticism）"。顾名思义，这个理论认为，很多我们感知到的非常可信的情绪，看到的外部世界，其实并不应该被认为是准确无误的，而是需要经过精密并理性的解读才能看到其真实的内在。

因此，我们的思想，并非像透明窗格一样那么清澈平滑，它们充满了划痕、盲点和与凹曲。既然如此，我们或多或少都会误解现实，相信我们的所见所闻，最明智的做法仍是尽可能保持"三省吾身"，审视外部信息。

有一个视觉现象曾使古希腊人异常着迷，我们每个人或许也都在儿时试着探索过这个现象：当我们把一根棒子部分浸入水中时，棒子出现了弯折，但是，如果我们拔出棍棒，我们会发现它仍然笔直。怀疑论者们便以这个小小的例子作为通向广阔真理的门户：我们的感官很容易被欺骗。通常事物呈现给我们的样子，根本就不是它们实际上的真实面目。而这种不断怀疑、不断探索的思想，也成为现代科学发展的主导力量。在 16 世纪中叶，波兰哲学家、天文学家哥白尼，证明了数十万年来我们的感官对我们的暗示的错误性，根据他的科学逻辑推理，实际上，太阳并不围绕着地球公转。

怀疑论者的兴趣显然不止于此，对我们在个人生活中陷入认知错误的现象，他们同样着迷。我们的思想很难摆脱情绪，这些情绪还可能会对我们的想法产生决定性影响。

我们可能以愉悦的心情开始新的一天，对生活充满热爱，但几个小时后，即使外部世界没有任何变动，另一种情绪也可能占据主导，以致我们开始对周围的所有事物进行重新评估。

疲倦，就是一个特别有力的煽动者，它能无声无息地改变我们的判断。尼采就曾说过："当我们感到疲倦时，我们会被那些自认为早已征服过的想法所攻击。"欲望，同样可以玩弄我们的判断力，让我们看到他人的友善和体贴，很可能仅仅是一副包装过的外表而已，正如叔本华所言："在交配后，立即可以听到魔鬼的笑声。"

承认我们的思想有很多缺陷，便构成了建立情感怀疑主义的基础。古希腊怀疑论者，建议我们养成的他们所谓的"中立"的态度，与我们儒家的中庸思想如出一辙。我们不应急于作出判断，要等自己的思想和情绪平稳下来，以便在不同的时间点对整个事件进行重新评估。

内在的情绪工厂

我们总是错误地认为这些问题来源于外部世界，很自然地，就会希望从外部世界来找到解决方式，但是往往无法得偿所愿。事实上，问题的关键在于我们的内在思想，我们不能通过外在方法来根除自己内心空虚无助、焦虑不安的情绪。这种情况就好似我们受到了皮外伤，而想要通过祈祷来获得快速康复一样无益。

情绪这个词，在之前就已经出现过无数次，它们由生理上的各种信号组成，比如快速跳动的心脏、发汗的手掌、肌肉的抽搐等，用英文词汇"emotion"来解释，可以理解为一种动态的能量，即"energy in motion"，构成了"e-motion"。

情绪每分每秒都萦绕在我们的身旁，但是大部分情况下我们并不会注意到。当我们审视自己的人生经历时，不难发现，在对待自己的情绪上，我们有一种认知偏见。我们大脑总是倾向于认为他人才是罪魁祸首，才是造成我们生气、不幸的根源，会本能地将责任推给他人。

但仔细思考一下，当你感到生气沮丧时，到底发生了什么呢？

只要稍微理性点的人都能意识到，并没有人将这些情绪强加于你。试想，当你产生负面情绪时，难道是他人走到了你的旁边，用针筒将带有"沮丧"的情绪注入你的大脑里吗？还是他们通过脑电波将这些负面因子传播给你？显然，这一切都源于你自身。

其实，很多时候，你我都会不自觉地将自己置于受害者的地位，只有试着走出这种思维误区，才能帮助你正确定位自己在情绪宇宙中的位置。联系之前的情绪维度，我们可以把大脑想象成一个情绪宇宙，维度上的每一种情绪，都是宇宙中的一个星球，除去已经标注的几十种情绪星球，还有数不胜数的隐藏卫星伴随着你。

比如，周五你进入了"愉悦星球"，这是一周辛苦工作的最后一天，你可以在下班后好好地和同事或朋友去休闲放松一下，这时你的大脑也会充满期待，情绪高涨，感到愉悦。周六你进入了"社交星球"，因为昨天发出的朋友圈得到了很多的点赞，不少朋友来询问你用餐的地点，你感到自己很受欢迎。周日形势又急转直下，你又被"焦虑星球"吸入，你想起自己周一要上交的工作任务还纹丝未动，一周的紧张工作又要开始。显然，当务之急是设法出逃，然后进入"专注星球"，如果成功，那便意味着你掌控了自己的思想与情绪，如果走出"焦虑星球"失败，则代表着你被自己的负面思维与情绪所掌控。

你的大脑就像是为宇宙运转功能的一个工厂，每个情绪星球无时无刻不在运动。你在这些星球中走进走出，而将自己的情绪客体化，比如被看作是不同的星球，也能在很大程度上帮助你掌控自己的情绪。当你沮丧的时候，你会提醒自己，"噢，这时我到了'沮丧星球'，我应该转机飞往'平静星球'"。这样，你便能将自己"移居"到积极情绪更多的宜居星球区。当你的大脑告诉你，"是因为某某人的失误，才导致我被骂，一切都是他的错，气死我了"，这时，你可以选择不在"愤怒星球"留步，而是直接前往下一站。试着像现实中攒钱买房一样，努力在有益自己的情绪星球定居下来，而不是让生活强迫你留宿在你不愿意待的情绪星球中。

情绪观察记录

社交动物：孤独的黑暗森林

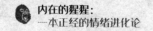

■■■ 社交大脑：情绪会传染

    亚里士多德认为，人类生来就是社交动物，通过互相合作从而在生物进化的长河中脱颖而出，持续发展。人为自己的社群而生活，同时，社群为人类的繁荣创造了必要的条件，没有一个人能挣脱这个互相依赖的"枷锁"。我们想要成为伙伴，家人中的一份子，想要与他们分享自己的生活与想法，想要倾诉生活中的细枝末节。正如斯宾诺莎所言："人在社交生活中所获得的便利与快乐，要远大于其所获得的痛苦。"近年来，层出不穷的各类社交软件，就能很好地映射出人类最基础且强烈的社交欲望。

    自古以来，人类就对自己的社会性充满着好奇心，大量的证据以及我们自己的大脑结构都表明，人类的社会性行为是经过漫长的物种进化而演变出来的。人类的大脑，尤其是大脑皮层，要比其他体型相似的灵长类同僚们和哺乳动物大得多。这是一个特别有趣的证据，因为大脑皮层涉及了许多高级的认知功能，比如有意识的思考、语言、情绪调节、行为，以及同理心与心智理论（theory of mind：即理解感知他人情绪与意图的能力）。可以这么说，我们人类，在生理上就已经被造物主设计成了天生的社会性动物，因此，自然而然地就拥有了"社会大脑"。

虽然直至今日，人类进化出社会脑的原因仍尚无定论，但越来越多的研究表明，当人类大脑的容量，尤其是皮层面积急剧增长时，有两个过程起到了非同一般的作用。一是社会性的一夫一妻制带来的联结纽带，二是父亲对子女的照料以及父亲在子女成长过程中的参与。这两个过程为人类发展提供了额外的防护，极大扼制了杀婴、食婴的行为。简而言之，作为捕食者以及保卫者的父亲，如果他们与伴侣和子女待的时间足够长，那么，他的子女长大成人的概率自然也就会提高，同时也增加了女性与男性的生殖成功率。这正印证了达尔文进化论的关键理念，即"适者生存"。

这也是为什么人类往往不会嫌弃至亲的疾病或是缺陷的

原因所在。作为社会性动物，这是刻在我们本能中的生存基因。2006年，心理学家们招募了13个勇敢的母亲，要求她们闻一对儿桶，一个桶中装着由她们自己的孩子所产生的脏尿布，而另一个桶里则装着其他妈妈孩子的脏尿布。研究发现，即使这些母亲不知道哪个桶里装着的是自己孩子的尿布，但是从她们恶心程度的打分中可以看出，她们仍然对自己孩子的尿布打分更低，也就是恶心程度更低。这个简单的实验就是一个鲜明的例子，表明我们人类对恶心事物的反应是可以被改变的。从进化论的角度来说同样合理，因为孩子产生的排泄物很容易成为阻碍母亲关怀孩子的因素。人类通常与自己的族群共享同样的微生物群，对自己族群的恶心事物的感受程度较低的话更利于族群发展。动物也是如此。

久而久之，尝到甜头的人类，自然会把这种合作的群体机制，从小家庭扩展到更大的社会群体，比如小群落、同性捕猎联盟、育婴联盟等。这种日益增大的群体，自然也对人类大脑的"功率"产生了更大的需求，从而导致了社会大脑的进一步发展，最终使我们拥有了现在如同精密仪器一般的"高级"社会脑。

社交大脑的进化有着显著的优势。如今，人类已经武装上了高度复杂的社交处理机器，使得我们可以参与各式复杂的社交活动，并且能轻而易举地游刃于不同的个人以及社交群体的关系中。我们"社交机器"上的"电路"，其连线的方式也是有目的性的，这种特殊的连线构造使得我们能在社交互动中感受到"回馈"，从而在被团体接纳时，我们的大脑会感受到快乐，而被拒绝时，大脑则会感受到痛苦。因此，进化似乎为我们提供了在日益拥挤的世界中生存下去的完美硬件。

任何事物都不止一面，社交能力的进化也不仅仅是带来收益而已，社交成本以及社交压力，日益成为人们生活中的高频词。社交计算的需求不断变得庞大与复杂，这便使得人类需要很长的时间才能将大脑的社交功能发展完善。相比于其他的哺乳动物，人类幼儿需要极长的时间去发育，且高度依赖成年人的保护与照料。人类父母不仅需要为自己的子女提供营养，直至他们大脑在生理上可以完全运作，同时还需要提供安全稳定的生活环境，使子女有机会理解和学习社交环境所需要的所有技能。这个社交进化的过程不仅仅局限于儿童时期，很多的社交技能只能通过青春期与同伴的交互来习得。

依恋模式

在过去的半个世纪中，社会心理学以及发展心理学家们，通过对人类依恋模式的研究，开始揭示人类在社会性学习过程中的深层行为以及神经关联性。依恋模式，在幼儿时期与其父母抑或是周围照顾者的互动中形成。简单来说，如果幼儿周围的人富有责任心并且充满关怀，那么这个幼儿更易发展出"安全型依恋模式（secure attachment style）"，这些孩子在成长过程中更为好奇、积极，与陌生人的互动也较为良好；如果照料孩子的人毫无责任心，经常忽视孩子的需求，在照料过程中没有统一的方式，那么幼儿就容易发展出"焦虑型依恋模式（anxious attachment style）"或是"回避型依恋模式（avoidant attachment style）"，数据发现大约40%的人属于焦虑或回避型依恋模式。不少研究认为，一旦在幼儿期形成特定的依恋模式，那么，在其之后的人生中，这个依恋模式会相当稳定，甚至可能会延续到下一代。

因此，依恋模式贯穿一个人的一生，影响着他学习技能和待人处事的方式。

在社交上，焦虑型或是回避型的依恋模式，很容易会对外界的社交信息反应过激或者过于平淡。比如，对常人来说很值得快乐的积极事件（如工作成功、考试高分、他人夸奖），在回避型依恋模式的人眼里会显得不值一提，他们大脑里的快乐回路也不会像普通人那样在得到赞赏后烟花绽放，很可能只会像出问题的电灯一样，闪烁一下而已。在社交上，他们也会显得冷淡，仿佛时刻处于防备状态。如好友、伴侣间理所应当的拥抱、牵手、亲吻等行为，抑或是他人表达的关怀，都会让他们的大脑感到不适，从而产生回避的行为。严重者，会被临床上诊断为"社交焦虑症"。

焦虑型依恋模式则容易过于敏感，他人一些不经意的细微行为，就会使得焦虑型依恋模式的人胡思乱想，比如，两个同事在谈笑的时候看了自己一眼，那么过于焦虑者就会担心同事是不是在取笑自己。在两性关系中也是如此，焦虑型依恋模式的人由于内心深处担忧被拒绝、抛弃的情绪，会显得过于敏感，经常会使伴侣感到其占有欲过强，缺乏信任。

有一个很有趣的心理症状，就在一定程度上表现了回避型与焦虑型人格的特质。回想一下，我们人生中都经历过一些时刻，比如在考试或是重要的面试来临之时，你可能会怀疑自己，会担忧自己能力不够，发挥不佳，这是一个正常的心理状态。然而有时候，这种自我怀疑的感觉，却会过于强烈，甚至会对自身造成负面影响。如果你是一个严重的自我怀疑者，那么，你会为一些微不足道的小错误责备自己，会真的相信自己是一个一无是处的人，即使别人认为你很好，你也会认为他们只是被自己蒙骗了而已。

冒名综合征

正如前文所言，这种自我怀疑的行为，有一个学名，叫作"冒名现象"，或者是"冒名综合征（imposter syndrome）"。

冒名综合征，是在19世纪70年代被两个临床心理学家Clance与Imes率先提出。他们在临床治疗期间惊讶地发现，在前来寻求治疗的患者中，超过150名的女性存在这个问题，即使她们非常成功，但依旧表现出一种自己是骗子的负罪感，认为自己的成功是一种错误或是运气，而不是自己应得的。

　　这个现象让两位心理学家非常好奇，通过研究将其命名为"冒名综合征"。到了80年代，他们进一步归纳了"冒名综合征"的特点：一个受此困扰的人，会在自己做事的时候陷入一种泥沼一般的循环，也可以称为"冒名循环"。

　　在进行一项任务时，他们会变得非常焦虑紧张，这间接导致了办事效率的降低，并开始拖延，在最后关头才临时抱佛脚，匆忙完成任务。当任务结束后，他们会感到放松与愉悦。当然，在这个阶段看似一切都很正常。

　　但是，如果他们完成的任务，得到了积极的反馈，比如学生得到了好成绩，员工获得了老板的嘉许或是升职加薪的许诺，那么这时，他们却不会接受这些嘉奖。他们会忽视自己可能的确很聪明或者很努力的事实，而坚持认为自己只是一个走狗屎运，或者靠着超大工作量来弥补自己愚蠢的人。他们认为自己配不上所获得的成功，这种心理会衍生出更多的焦虑，形成恶性循环。

　　在一定的剂量下，自我怀疑是我们大脑保护自己的一种方式，比如在一次考试得高分后，轻度的自我怀疑能让我们为下一次再有良好的表现而保持努力学习的心态。但是，当怀疑过度时，我们可能会开始认为自己根本不配做一个大学生、公司职员等。

一份2007年的研究表明，70%的大学生在人生中都会至少拥有一次"冒名综合征"的感受。另一个文献则记录了约500名医学生与其他医学领域的专业人士，想要深入探究为什么这些成功人士都会被"冒名综合征"影响的经历。他们发现，出现严重自我怀疑的人，通常都是"适应不良的完美主义者（maladaptive perfectionism）"，这些人总是给自己设定不可能完成的目标，从而变得非常自责。相反，对于"良性的完美主义者（adaptive perfectionism）"来说，较高的标准则可以成为积极的动力源泉。

可想而知，对于适应不良的完美主义者来说，他们很难接受自己达不到最初设定的高标准的事实，因此，会产生自己是一个欺诈者的想法，认为他人只是被自己的虚伪所蒙蔽了，渐渐地开始自我怀疑、自我瓦解和崩溃。

家庭也是产生"冒名综合征"的一个重要来源，当你成长在一个成功时能得到很多鼓励、搞砸时会得到严厉批评的家庭环境时，就更有可能出现"冒名综合征"的症状。

镜像神经元：我们的行为是周围人的映射

毫无疑问，我们的感受时刻受着周围人的影响。然而，大部分的人并不知道周围人对自己的影响有多么强大。我们大脑的精密设计，不仅能让我们应对繁杂的社交，同时也让我们有能力去学习以及模仿我们周围人的行为。在我们大脑中，就存在着镜像神经元，尽管神经科学家们对其仍存不少争议，但总的来说，当我们观察他人的行为时，我们大脑中的相应神经元就会像灯泡一样被激活，被相关的仪器检测到；与此同时，也促使我们去参与到相同的行为活动中去。最为典型并为人熟知的例子便是，当我们看到他人打哈欠、用手扶额，抑或是跷起二郎腿时，我们的身体也会不由自主地对这种行为进行模仿。我们可能都听说过"哈欠会传染"的说法，镜像神经元，就是这个现象的"罪魁祸首"。

社交行为在人类的诸多行为中处于主导地位。在这个过程中，我们的大脑会"侦查"他人的情绪状态，然后在大脑里映射或是模仿自己观察到的信息，进而影响我们自身的感受，这就是我们常说的"同理心（empathy）"。由于每个人的同理心不同，我们自身情绪受他人所影响的程度自然也会有所区别。比如在他人激动或是快乐时，我们也会不由得随之欣喜；若他人悲伤落泪，我们也会产生阴郁的心情。体育现场、剧院影院观众的情绪起伏，就是最好的例证。

情绪会传染

我们每天都能观察到无数的情绪，那么思考一下，我们的大脑需要多少时间来处理接收到的情绪信息呢？是不是需要先观察对方，然后仔细看他的面部表情，接着传输回大脑进行处理，最后才能做出准确的判断呢？至少也需要1到2分钟吧？

事实却并非如此。2000年，一个著名的心理学实验得出了令人惊讶的结论。心理学家在实验中向被试者们展示不同的表情图片，比如愤怒和快乐的人脸照片，与此同时，监测被试者们的面部表情是否会由于观察到的情绪而变化。至此，看上去这个实验与以往的心理学实验并没有什么区别，但是研究者们改变了一个变量，即情绪图片展示的时间——仅仅为30毫秒。要知道，就在我们看这段文字时，每眨一次眼睛的时间，都需要至少100毫秒。也就是说，在整个实验过程中，被试者们根本无法意识到自己看到了什么图像，图像里的人是什么性别、肤色，更别说细致的表情了。然而有趣的是，研究者们却发现，尽管被试者们可能根本看不清不断闪现的画面，但当他们在无意识的情况下被展示快乐与愤怒的人脸时，他们的面部肌肉明显地出现了与被展示情绪相符的变化，如被展示快乐的人脸时，与微笑相关的面部肌肉出现了明显的活动，愤怒也是同理。

在2014年，心理学家们设计了另一个简单有趣的实验，他们发现观察他人的生理感受，也会影响我们自身的体验。在这个研究中，他们向被试者们展示了3分钟的短视频，视频的内容很简单，是一只手在装满温水或是冰块的水盆中浸泡的过程。与此同时，温度计会监测被试者们手的温度。结果发现，当看到视频中的手在冰冷的水中时，被试者们的手也会出现降温的情况。这种同理心，就是当我们看到他人发抖、出汗，或者是受伤时，仿佛自己也能感受到一定程度痛楚的原因。

可见，周围人经历的情绪状态，对我们自身的情绪有多么大的影响。那么现在，问问自己，在社交过程中，谁在影响着你的情绪？

谁与你的交往最为频繁？

他每天最常见的情绪状态是什么？

你会做什么来减少那些负能量的人对你带来的影响？

你怎么才能让自己处于一个舒适有益的社交环境，从而让自己的社交大脑能够更多地"模仿"健康的情绪呢？

孤独，是你迫切渴望自我的迹象

诗人露比·考尔（Rupi Kaur）在她的畅销诗集《牛奶与蜂蜜（Milk and Honey）》中写道："孤独，是你迫切渴望自我的迹象（loneliness is a sign that you are in desperate need of yourself）。"换言之，由于孤独，你憧憬着他人的关注和陪伴，也正因为孤独，你也极其需要自身的陪伴。

孤独是没有边界的，它并不局限于特定的年龄、性别、社会地位、文化国籍。在现代社会，孤独就像是一片阴云，越来越大，但身在其中的人类却无法意识到它的可怕。孤独不仅会给我们带来低落的情绪，还会增加我们患上心脏病以及中风的概率（约30%）。即使是被联合国评为最快乐富足的国家——挪威，仍有至少16%的人被孤独所困扰。

如果在一个班级或者办公室中，你只看到大家在学业或工作上表现良好，那么，你显然不太可能意识到这个团体内部存在的孤独问题。但是，很多人一直埋头工作，成为学业工作上非常优秀的成就者，将孤独感深深藏于内心深处。

如果你参加一个家庭聚会，与一个刚刚失去伴侣的老年亲戚在一起，尽管他们可能真的很喜欢这次聚会，表现得很开心，但实际上，他们内心也会有非常矛盾的感受。与亲人好友共度时光可以像灯塔一样照出内心的孤独，即使被爱我们的家人和朋友包围着，我们也可能会感到孤独。

我们在十万人的演唱会上，被燥热的音乐气氛与舞动的人群环绕，却仍然感到孤寂，而且没有一个人意识到你的孤独。

孤独的核心，便是我们总会感到悲伤。

孤独的一大可怕之处在于，它可以成为你的挚友，你的避风港。我们可以将其披在身上，吸收我们的人格，进行自我催眠，"我就是这样的人"，久而久之，我们开始相信，孤独的自己才是真正的自己。随着时间的流逝，它反过来影响着我们的自尊心和自信心，使我们更加难以识别和回应我们内心深处的悲伤情绪。以这种方式生活，会缓慢关闭希望之门，并可能加剧我们对世界产生的不信任感。

在美剧《广告狂人》里，一个广告人写了一段优美的文字，题为《拥有小型乐团的男人（The Man with the Miniature Orchestra）》："贝多芬9号交响曲中的片段，至今仍令柯伊伤心哭泣。他一直以为这一切都是由于当时的作曲环境所致，他想象着贝多芬因聋哑而忧郁，他心碎着，疯狂地谱写，而死神正在门外磨刀霍霍。但是，柯伊想到，也许是因为居住在乡野，他才如此悲伤，那份寂静和孤单令他窒息，赋予了尘世间的一切，不能承受之美。"

社交隔离之痛

试想下面两个场景：其一，你在喝咖啡的时候，不小心把刚泡好的咖啡打翻，被烫得哇哇大叫；其二，你看着前任的照片，回想着不久前分手的场景，你感到了另一种痛，即"心痛"。从表层上看，这两个场景似乎有着明显的不同，因为第一个场景是生理上实质性的伤害带来的疼痛，而后者却是因为感情终结带来的心理上的不适。试想一下，是不是所有的文化语言中，都会用"痛"来表示这两种场景呢？

在2003年，一篇发表在顶级期刊《科学》上的巧妙有趣的实验设计，就揭示了这种痛苦。心理学家们招募了一些被试者，让他们与另外两个"玩家"一起玩一个叫"电子球"的游戏，而所谓的"玩家"，其实是电脑程序，而被试却毫不知情。"狡诈"的心理学家们设计了一个令人信服的背景故事，使他们相信，在另外的房间里与自己玩游戏的是和自己一样的人。

在实验的第一个阶段，被试者被告知，由于程序出了故障，无法连接到另外两位玩家，因此，他们只能作为旁观者看他们玩球。之后，被试者得以参与到游戏中去，然而，当被试者接到7次投球后，他就会被另外两位"玩家"孤立出去，只得尴尬地看着他们继续互相快乐地投球（约45次）。在这个过程中，脑成像技术会监测被试者们的大脑反应。

结果发现，与疼痛和压力相关的大脑区域——前扣带回皮层，在他们被社交孤立之后出现了明显的激活；而另一个区域，负责调解疼痛与压力的右侧腹前额叶皮层，也出现了明显的激活。因为在被社交孤立之后，大脑司令部需要进行适当的反应，来减少我们的痛苦。

在2011年，心理学家们"很不人道"地招募了40个刚刚经历分手的被试者，让他们参与到"社交拒绝实验"和"疼痛实验"中。"社交拒绝实验"包含两个部分：第一个部分叫作"前任测试"，被试者观看前任照片被子弹爆头的画面，然后回想自己被拒绝时的场景；第二部分则是"朋友测试"，被试者看到异性好友照片被子弹爆头的画面，并且回想自己与她度过的美好时光。"疼痛实验"也分为两部分：烫测试者，即被试者的左前臂会受到烫的刺激；温测试者，顾名思义，即在同一个位置，被试者会受到温暖的刺激。

结果显示，生理疼痛与社交疼痛所激活的大脑区域是相重合的。换句话说，被社交孤立或者是拒绝带来的痛苦，与我们生理上所承受的痛苦几乎是一致的。

不喜欢社交，说不定是因为比较聪明

我们经常将不喜欢或不善社交与孤独联系起来。比如，有时候我们会认为身边特别聪明的是一个孤僻的人，因为他们让我们感到傲慢自大、无所不知，或者也有另一种可能，就是他们的社交能力较差，比如《生活大爆炸》里的谢耳朵。

可事实却可能与我们想的不一样。在研究分析了包含

15000人样本的广泛性调查后，得出了两个有趣的结论：

1.当一个人生活在人口密度高的地方时，他的快乐程度与人口密度成反比，如最简单、粗暴地感受一下高峰期的市中心交通。

2.一个人的社交越多，这个人就越快乐。

但是，研究者发现了一个令人惊讶的特例，即这两个规则并不适用于聪明的人群。心理学家们分析数据后发现，如果在人口密集的地方生活，并且不需要无谓的社交的话，聪明的人反而会生活得更为开心。

另外，一个人越聪明，上面的这两个规则对他的影响就越小。换句话说，在避免了那些所谓的"社交"（比如与他人进行无谓的客套对话）后，这些聪明的人会更为快乐，也就是说，聪明的人可能在独处的时候更为开心。

研究数据显示，人口密度对低IQ的人的影响是其对高IQ人的影响的两倍，而高智商的人对社交的需求也与普通人或者低IQ的人不同。因此，当他们需要与他人频繁地社交的话，他们的生活满意度反而会下降，即使是对他们的朋友也不例外，也就是说，高智商的人在与朋友交往中花的时间越多，他们的快乐程度就越低。

看到这里，可能读者们会有些疑惑，之前明明说孤独不好，这时又说不喜社交才是聪明的表现，这不是自相矛盾吗？其实，有一个显而易见的原因，聪明的人更少地社交是因为他们能更好地将注意力长期集中在他自己感兴趣的事物上，就像《生活大爆炸》中谢耳朵对各种理论的沉迷一样。回想一下自己所认识的聪明人或者有成就的人，比如一个潜心写作的作家，专注于治疗患者的医生等，如果烦琐的无谓的社交妨碍了他们去做对自己来说真正重要的事的话，那么他们生活的满意度自然就下降了。另外，不喜欢社交不代表喜欢孤独，就连书呆子也需要一个真正懂自己的朋友来沟通与交流，如俞伯牙与钟子期一般。他们需要的不是孤独，而是有效的社交。

在石器时代，我们的祖先通常以百人的小聚落为单位生存，在这种条件下，社交大多围绕着更多的盟友和食物展开，因此也能带来更好的生存条件与后代。到了现代，科技飞速进步，我们有了网络、电视、电话，但是人类的进化却跟不上社会发展，还保留着上古时期的"大脑"，即更多的社交

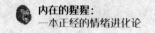
意味着更好的生存条件。聪明的人，很可能更早地进化出了新的应对方法，他们能更好地利用自己的能力去应对日益更新的问题与场景。

但这个研究也并不是金科玉律，正如科学界的那一句经典名言，"相关不等于因果"，即聪明的人可能更喜欢独处，而不是没有朋友、喜欢独处的人就一定聪明。

在这里，引用前美国第一夫人安娜·埃莉诺·罗斯福的一句名言："上智论道，中智论事，下智论人。"

走出孤独森林

改变的起点在于认识到并且接受自己存在的问题。仅仅是简单地尝试与他人交谈，也能产生非常意想不到的积极效果，这个过程会将我们的注意力引向问题的内核。训练自己的注意力、倾听的能力以及响应的能力，则是走出孤独森林的指南针。

比如，我们在社交的过程中，可能会被拒绝或者被排斥，感到非常痛苦，但实际上这些都是非常有意义的情绪信息。我们的内部情绪系统会让你意识到自己的不适，这时，我们便需要倾听自己的思绪，评估与思考自己能做些什么来改变这个困局。我们需要相信，外面的世界会接受我们，并且是一个温暖安全的世界。我们的大脑开始考虑有什么可行的选择，并且尝试鼓起勇气，因为我们的感受是完全正常的，我们需要主动为自己创造一个新的世界。

如果发现他人可能被孤立或者被孤独所困扰，我们总会有进行温和询问的机会。尽管有时候我们不想在接近他人的时候感到尴尬或者过度暴露自己的脆弱，但是简单地面带微笑，也足以播下希望的种子。我们开始创造以善意、关怀为基础的对话可能性，在这种对话中，双方都能敞开心扉，倾诉自己的真实感受。

有时孤独是一剂良药，如汪国真就在《孤独》中写道：

追求需要思索，

思索需要孤独，

有时，凄惨的身影，

便是一种蓬勃，

而不是干枯，

两个人，

也可以是痛苦，

一个人，

也可以是幸福，

当你从寂寞中走来，

道路便在你眼前展开。

　　但是，人类的生物内核，决定了社交是生而为人必不可少的要素。无论何时，只要观察并且意识到问题，我们就有选择改变的余地。孤独总是在我们没有意识到的时候到来，而我们的生命并不是为了迎接孤独而存在。

人类如何在人海中寻觅真爱

林语堂说过这么一段话："孤独两个字拆开，有孩童，有瓜果，有小犬，有蚊蝇，足以撑起一个盛夏傍晚的巷子口，人情味十足。稚儿擎瓜柳蓬下，细犬逐蝶深巷中。人间繁华多笑语，唯我空余两鬓风。孩童水果猫狗飞蝇当然热闹，可都与你无关，这就叫孤独。"

大多数人的一生，至少有一段时间，无论是有意识还是无意识，都在寻觅自己的另一半。但是，我们是如何进行选择的呢？在漫长的人生中，我们会结识数百上千人，是什么因素使两个人从弱水三千中独取一瓢饮？长期以来，心理学家们一直试图回答这个问题，并在一定程度上取得了相应的成果。

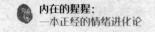
寻觅亲密关系

"在世界各地，性都被理解为女性拥有而男性渴望的事物。"

——人类学家 唐纳德·西蒙斯 1979

心理学经典书籍《社会心理学》中写道："各地的文化都更重视女性而非男性的性行为，正如卖淫与求爱过程中所表现出来的性别不对称。男人一般提供金钱、礼物、赞美和许诺，含蓄地换取女性的性顺从。他们注意到，在人类的性经济中，女性很少为性买单。就像工会反对'不罢工的工人'一样，他们认为这种人会损害他们自身的劳动价值。大多数女性都会反对其他女人提供'廉价的性'，这会降低她们自身性行为的价值。"

尽管男性把女性的微笑解释为性爱信号的行为常常被证明是错误的，但是万一猜对，就能获得繁殖的机会。男性会炫耀腹肌、豪车和财产，女性可能会去隆胸、去皱、抽脂，以满足男性所向往的年轻、健康的外表。女性坐在简陋的福特车或者豪华的宾利车里，男性觉得她的吸引力差别不大；

但女性会觉得坐在豪车里的男性更具吸引力，男性的成就最终会变成求爱的本钱。

两个主要的理论引领了对于这个问题的思考：

首先，自然是进化论，通过对对方的行为倾向、身体外貌特征以及性格特征分析，筛选出我们所青睐的人。正如恩格斯所言："人与人之间的，特别是两性之间的感情关系，是自从有人类以来就存在的。"

那么，为什么我们更喜欢有吸引力（长得好看，身材好，或者成熟）的人呢？他们为什么会比别人更有吸引力？从进化的角度很好解释，我们倾向于选择具有这些特征的人作为配偶或者伙伴，因为这些特征表明他们具有很好的健康、生殖能力，能为后代提供良好的保障。心理学家们提出了一个理论，即人们倾向于选择与大众平均值接近（比如与大众审美接近的相貌、身材）的人作为配偶，是因为这样的人更易携带正常的基因而非变异基因。

对于女性来说更是如此，她们更倾向于寻求有保障的雄性作为配偶，所以具有这些特征的雄性会更受青睐，在古代表现为体魄强健，而现在，这一特征则渐渐被经济能力所取代，因为在现代社会中，经济实力才是生存下去的切实保障。
那么男同胞呢？他们永远都爱年轻漂亮的女性，亘古不变。
在1997年，著名心理学家Ramachandran研究了"为什么
男人都喜欢金发女郎"，结果发现，淡色皮肤的金发女郎更
能直观地表现出她们的健康、年龄、荷尔蒙状态。那么为什
么男人不仅喜欢漂亮的，还要年轻的、身材丰满的女性呢？
他们就那么肤浅，只注重外表？答案很简单，年轻、漂亮、
丰满的女生直观地表现了她们已经性成熟并且具有健康的生
殖能力，更符合雄性繁殖后代的生物本能。

　　另外，我们的荷尔蒙也不时改变我们的审美。更加男性
化的生理特征，如成熟、稳重、健康、身材好等更能吸引女
性，因为这些特征代表着良好的基因和能力；反之，更女性
化的特征会让女性更有魅力，因为这代表了良好的生育能力。
研究发现，男性永远是那么"肤浅"，无论是西方还是东方
男性，都更倾向选择女性特征强（身材丰满）的女性。然而
令人吃惊的是，不管是男人还是女人，都喜欢更具女性特征
的男人，因此，"韩版花美男"的流行也是有其科学依据的。
另外，女性在生理期和非生理期的时候对伴侣的需求也不同，

对长期伴侣和短期伴侣的需求也不同。比如，女性更倾向选择更具女性特征的男性做长期伴侣，选择更具男性特征的男性做短期伴侣，因为前者往往较为温柔体贴，适合作为长期伴侣，为抚养后代提供安定的保障；而后者则更有雄性荷尔蒙的吸引力，自然容易吸引到短期伴侣。

社会角色的变迁

由美国心理学家爱丽斯·艾格丽提出的"社会角色理论（Social Role Theory）"则从另一个角度阐释了两性的亲密关系。她认为，是社会选择而非生物选择的过程，决定了我们对伴侣的选择。根据这个理论，我们的择偶标准是由男女在社会中所扮演的角色所决定的，因此，我们在寻找伴侣时的偏好就会随着社会角色需求的变化而变化。就像《社会心理学》中的引文所说，在狩猎时代，女性由于生理上的弱势，就会选择魁梧健壮的雄性作为伴侣。而在现代社会，由于性别在一定程度上限制了女性获得金钱和权力的能力，那么很自然地，她们便会更倾向于被拥有金钱和权力的人所吸引。假如明天突然社会大反转，大多数的高薪、有权势的职位由女性掌控，那么男性的个人财富与社会地位对女性的吸引力就会急剧减弱；反之，男性的青春、体魄与耐力在择偶标准所占的比重则会大大提升。所以，有的时候，并非当今的女性变得物质了，而是这个社会对两性的角色需求，带来了择偶选择上的变化，单纯地批判女性物质就显得很肤浅了。

近半个世纪的相关研究表明，两性在寻觅亲密关系的过程中出现了根本性的变化。最鲜明的例子就是由于战争以及经济的发展，仅靠男性一方的工资难以维系舒适的生活水平，女性逐渐走出了相夫教子的禁锢，开始工作并赚取额外收入，从而带来了社会地位的变迁。因此，目前无论是男性还是女性，都会更加重视对方的经济以及社会地位，因为这会直接影响到自己未来的生活舒适度以及满意度。同时，由于科技的发展，将女性从家务劳动，比如洗衣、做饭、打扫卫生中解放了出来，而这些能力，却是数十年前男性择偶必须考量的重要标准之一。

吸引力定律

1.接触与熟悉。日久生情，可以算是两性关系中的至理名言，因为我们会对身边经常接触的人本能地产生好感。相处的时间越长，喜欢、接受直至爱上对方的概率也就越大，这也是为什么很多美妙的恋情是在校园或者工作中绽放的原因。随着时间的流逝，每天的接触会将两个毫不相关的人变为挚友，甚至是爱人。

2.生理上的吸引力。外在美虽然肤浅，但在两性交往过程中却有着不可撼动的意义。因为几乎没有哪个人能跟一个让自己生理上排斥的人共度余生。在一定程度上，这种吸引力也符合市场规律：最好的商品价格总是最高。因此大部分买主不一定会得到他们想要的东西，而是得到买得起的东西。最终，富人驾驶保时捷，中产驾驶着丰田，而普通人则坐着公共交通。在吸引力上也是相似，美丽的人更容易与同样美丽或富足的人在一起，因此变得更为美貌，而平凡外貌的人则会跟平凡外貌的人结合。

3.个性与人品。心理学对于人格因素的研究，明确了其中两个对两性择偶最具影响的品质，即能力（competence）以及温和（warmth）。顾名思义，有能力的人，通常也具有相应的才华以及社交技巧，再加上温和的性格，变成了择偶

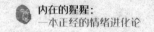
竞争中的最佳搭档。

4.接近。大多数人都会选择与自己身边的人结婚共度余生，双方的距离往往在步行或者驾车之内，正因为如此，异地恋才显得异常艰辛，双方需要付出极大的努力才能维系情感的纽带，并且有极大的概率夭折。正如以色列著名诗人耶胡达·阿米亥（Yehuda Amichai）所写："给爱的忠告：不要爱上身处远方的人，在自己的身边寻觅，正如建造一座良好的栖身之所需要利用周围的石材一样。"

5.相似性。毫无疑问，相似性是心理领域最为有力的发现之一。人类会很自然地被与自己相似的人所吸引。比如，教育水平高的更倾向于与同水平的人交流，外向的人更容易与同样外向的人打成一片等。正如海洋与水才能结合，而不是和沙滩。喜欢或是爱上与自己相似的人，就像是天作之合，因为他很优秀，他与我很相似，那么我也很棒，这种感觉自然会很美妙。

鱼与熊掌间的抉择

巴尔扎克曾说："有些伦理学家认为，除母爱之外，两性的爱是最不由自主，最没有利害观念，最没有心计的，这个见解真是荒谬绝伦。即使大部分人不知道爱情怎么发生，但是一切生理上和精神上的好感，仍然从头脑、感情或是本能的计算出发的。男女之爱主要是一种自私的感情，而自私就是斤斤计较的计算。"那么问题来了，鱼和熊掌往往不能兼得，如果一个人拥有健康美貌，但是经济实力不佳，另一方则相反，试问，人们会如何做出选择呢？

心理学家们自然不会放过这个有趣的研究课题。2005年，他们分析了来自37个国家，超过9000个男女的问卷，确定了4个普遍的择偶标准，来探索人类在择偶上的倾向性。

1. 爱 VS 社会地位、资源：在选择对象时，我们经常会进行内心的抉择，当真爱与经济保障以及社会地位不能两全时，我们会选择哪一方呢？言情剧剧情诚不我欺，当真爱足够强大时，我们会选择牺牲经济水平或者社会地位，与真爱浪迹天涯；而当对方的社会地位或经济条件高到一定程度，我们则会在情感上进行一定程度的妥协。

2. 可靠、稳定 VS 好看的外貌、健康：就像上文中提到的真爱一样，当一个人好看到一定程度时，我们会选择妥协感情的稳定性，追随他到天涯海角；反之，如果对方是个非常可靠、值得托付的"好人"，那么我们也可能牺牲自己对颜值的要求，向生活妥协。

3. 教育、智力 VS 对家庭、孩子的渴望：当教育与家庭出现冲突时，我们通常会对追求更高教育的对象比较宽容，相反，如果对方是非常好的家庭"煮"夫、贤妻良母，那么，我们也会降低对对方学历或者工作能力的要求。

4. 社交能力 VS信仰：在有些文化中，信仰的因素至关重要，因此，相同的信仰会带来极大的吸引力，即使对方的社交能力一般，也会被信仰所弥补。同样地，如果一方充满社交魅力，即彼此具有不同的信仰背景，也能引起对方的青睐。

在以上四个举世通用的择偶标准中，前三个标准有着明显的性别差异。总的来说，相较于爱情，女性更注重于社会地位以及经济条件；同样，她们也更倾向于选择情感的稳定以及高智商，而不是帅气的外表以及高水平的育儿能力。对于男性而言，他们永远喜爱年轻、美丽、健康，并且对孩子充满爱的女性。

另外，研究中还发现，女性在择偶上有着更多的条件以及要求。其中一个主要的原因就是女性的试错成本更大，一旦选择错了对象，很难脱身。就像诗人玛格丽特·阿特伍德（Margaret Atwood）所说："男人害怕会被女人嘲笑，而女人害怕会被男人杀掉。"其次，女性还是抚养后代的主要责任人，因此更需要在择偶上进行仔细筛选。

然而有趣的是，尽管种种择偶标准能为我们筛选出潜在的"候选人们"，但是最终一锤定音的，还是我们的内心。这就好像是那些生理与社会上的标准，引导我们进入了合适的"人才"商店，虽然符合我们的预算、口味，但是，这些标准却无法确定我们最终会选择哪样具体的"商品"，最终的决策，还是源于内心，这个过程甚至可以是无意识的、怪诞的，正所谓"爱是没有理由的"。

"源自内心想做的事情，有时候是没有任何原因，无法理解的。"

——布莱兹·帕斯卡

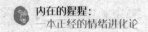 培养亲密关系：不要让其成为生活中的重担

很多时候，当丘比特之箭来临时，一切决定都显得那么冲动与美好，相识、相知到情定终身，甚至可以在几天内就完成。然而，当尘埃落定，热情趋于平淡，大部分人在清醒后喊出的第一句话往往是："我当时到底在想什么！"

如雨果所言："对于爱情，年是什么？既是分钟，又是世纪。说它是分钟是因为在爱情的甜蜜之中，它像闪电一般瞬息即逝；说它是世纪，是因为它在我们身上建筑生命之后的幸福的永生。"雨果必定不曾想到现代爱情的转瞬即逝，50%的婚姻都走向了失败。一步错，则会带来余生痛苦与禁锢。为什么？因为大部分人并不知道如何去经营真正的亲密关系。我们可能知道健康的亲密关系应该是什么样的，但是却不知道如何去得到、维系这种关系。

亲密关系之重

亲密、安全感、尊重、良好的沟通、被重视的感受，是一段健康的亲密关系里不可或缺的因素。而不健康的亲密关系则包含着轻视、斥责、暴力、敌意，得不到应有的关心和支持等。当这些问题在亲密关系中出现时，往往意味着感情或是婚姻的终结，同时，也带来了无数的负面情绪。由此可见，培养一个健康的亲密关系是如此的重要。

心理咨询中便有一种专门的治疗方式，叫作"婚姻或伴侣治疗(couple therapy)"，然而当很多人开始意识到需要婚姻治疗时，已经为时已晚。双方在长期的争执相处中，已经产生了太多根深蒂固的思维模式以及顽疾，这些都是难以改变的。

因此，进行相关的婚前教育以及试错就显得极为重要。然而可惜的是，在如今的社会中，大部分人就像是商品一样，从校园出厂，步入社会的同时仿佛就需要立即找到另一件"商品"，组成所谓的家庭，根本没有时间试错。婚前是进行亲密关系学习的黄金期，这时双方正在热恋之中，情绪积极，有试错的时间与空间。不过在一定程度上，这时已经有点晚了，因为无论是我们自己，抑或是家人，此时已经为我们选择好了"另一半"，可能是迫于外界的压力而"凑合"，一不留神，一觉醒来已经进入了柴米油盐酱醋茶的机械化生活。如此随意的选择，不难预见到婚后痛苦的亲密关系。

在这个流水线的相亲、选择、结合的过程中，大部分人根本无法真正做到了解自己所选择的对象，也许到婚后才会意识到，这个人与自己的生活习惯、价值观念差距如此之大。

培养健康的亲密关系

心理学家们结合大量的研究，总结出了几个拥有健康亲密关系的重要能力。

第一个技能是洞察力。有了洞察力，我们就能更好地了解自己到底是谁，需要什么，为什么要做某些事的深层原因。比如，我们可能意识到，自己的疲惫与焦躁，并不是因为伴侣惹自己生气，而是由于工作任务带来的巨大压力，让我们将其转嫁到了无辜的伴侣身上。洞察力可以使我们学会认识问题的根本所在，不让其渗入自己的情感关系；同时，洞察力也能让我们更好地理解自己的伴侣，比如他习惯迟到，那么，当他约会迟到时，并非不重视这段感情，只是由于性格如此而已。再如，假使我们是一个占有欲极强的人，那么我们需要的就是一个能接受我们强烈占有欲，愿意牺牲自己社交生活的对象。

第二个技能则是相互关系，即学会了解彼此想要什么，懂得对方的需求与自己的需求同样重要。比如，我们需要参加一个聚会，同时又很希望自己的伴侣能陪伴我们一起去。通常情况下，大部分人都会直截了当地提出要求："这个聚会让我觉得很无聊，你陪我一起去吧！"看似理所应当，但在这个过程中，我们忽视了对方的真实需求，他是否有时间？是否愿意去充满陌生人的聚会？如果懂得相互关系的话，我们就会事先考虑聚会当天伴侣是否有事，他是否喜欢认识陌生人，喜欢聚会。要知道，充满陌生感的聚会对于很多人来说都是一场噩梦。

第三个技能是情绪控制。这个内容贯穿全书始终，即学会认识并且控制自己在感情中出现的各种情绪。愤怒时脱口而出的话，往往是对亲密关系最具杀伤力的，学会控制自己的情绪，能让两性关系中发生的摩擦处于平和客观的视角之下。当我们遇到"这简直不可理喻，我该怎么去挽回"的情绪时，如果能合理地控制情绪，便能用另一种角度看问题："我需要静下心来好好分析一下问题出在哪，我可以如何解决这个矛盾。"情绪控制能使我们不被冲动的情绪所主导，比如当对象没回我们的信息时，我们可能会产生焦虑与不安的情绪，可能会每几秒就查看一下手机，无法正常进行工作。而控制这种情绪，能让我们平静下来，学会耐心等待，学会间接地给对方合理的私人空间。亲密关系中最为常见的例子就是女方渴望获得某些事物或者关心，比如生日快要来了，她非常想要得到某个生日礼物，但当男友询问时，她却说，"没事，我什么都不要"。结果生日当天，"惊喜"自然没有来临，等到的只是一场争吵。如果我们回到过去，洞察力能让她了解到男友也是一个独立的个体，并非自己肚子里的蛔虫，而相互关系则能让她对男友说出自己的期望，同时也能让她明白男友想要得到什么反馈，双方都会感到被需要与尊重。最后，情绪控制能让她合理地控制住自己的负面情绪，反思争端的原因。

　　一个对处于青春期的女生进行的有趣研究发现，那些更浪漫的女生，在情感中的安全感也更高，同时，她们在与他人亲密交往时显得更为自然舒适，因为她们信任他人并且不担心被拒绝。自然而然，这种天真烂漫的性格，让这些女生更不易受到抑郁等负面情绪的侵袭，因为她们对生活以及未来的态度更为积极乐观。另外，浪漫使得她们在两性关系中更如鱼得水，比如交往约会，拥抱亲吻。对于成年人也是如此，浪漫的人在亲密关系中更不容易出现倦怠，使得双方都有安全感，并且在交往时做出更好的决策，更为快乐。

自欺欺人的大脑

在亲密关系中，自欺欺人极其常见。因为爱情像是心中的暴君，会使人失去判断力与理智，不听他人的劝告，径直向着痴狂的方向奔去。

我们的亲朋或者我们自己，总会有一种抱怨，"我们条件也不差，为什么总是遇不到合适的人呢？即使遇到，为什么也总是渣男渣女？"在寻找长期伴侣的过程中，人们总是异常挣扎，不停地试错，但似乎有一个怪圈在不断循环。比如有的人，明明厌恶某种类型的伴侣，时刻宣告着"我不会跟这种人约会的，我之前已经受过教训了！"然而事实上，我们总会进入这类人的陷阱中去，自己也无法解释其中缘由。之后，即使我们身边作为旁观者的亲友早就看清了我们与伴侣并不合适，但我们却开始变得极具防御性，拒绝接受真相，甚至开始攻击对自己好言相劝的亲友，比如"你就是不愿意让我过得开心""你根本不了解他，跟我在一起时他并不是这样"……毕竟，爱情能使所有人变成雄辩家。可想而知，这种自我麻痹注定走向歧途。即使我们已经意识到这段感情的不健康，但由于"沉没成本"效应，抑或是不愿意接受自己的感情再一次失败，大部分人往往会咬牙坚持下去。

我们的大脑，尤其是控制我们快乐与成瘾的大脑区域，在很大程度上需要负起这个责任。当我们处于热恋中时，大脑的激活就像是我们沉醉于酒精或是毒品中一样，我们会失去判断力，并且永远不会满足对爱的渴求。我们大脑中控制理性情绪的前额叶，会竭尽全力制止我们各种冲动的抉择，"停下，好好思考一下对方是不是真的适合你！"前额叶呼喊着，但是却毫无作用，因为我们已经对新欢上瘾。"想想你之前的经历，这次跟之前那段失败的感情如出一辙"，前额叶做着最后的挣扎，然而我们却开始自欺欺人："这次会不一样的，我相信我这次不会看走眼。"当我们处于热恋中时，任何的快乐都会被放大，而其他人的劝诫，则变成了"对牛弹琴"。

但是，在亲密关系中，我们周围的亲友，才是真正的评估标准，因为他们是整个过程的旁观者，比处于热恋中"智商下降"的我们要理智很多。挚友与家人不会欺骗我们，也没有任何理由让我们伤心，因此，试着记住这一点，在下一次崭新的感情到来时，让自己的感性大脑去享受快乐，同时，请亲友做我们真正的理性大脑。当他们认为这段感情需要停止时，不要犹豫，立刻离开这种亲密关系的泥沼，不然定会越陷越深。

情绪观察记录

_____

_____

_____

_____

_____

_____

_____

_____

_____

_____

_____

如何避开情绪的
心理陷阱

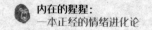 **焦虑的世界**

　　每个人生活中都曾经拥有过焦虑情绪。然而，作为如此高频出现的词汇，很多人却不知道焦虑具体指的是什么？其实这也无可厚非，因为焦虑是一个意义非常广泛的词汇。作为最为常见的心理疾病之一，它代表着一个大类，就像超市或菜市场里的肉类一样，有着细分的类目。

　　焦虑的感觉就像是被无数个包含着只要一犯错就会全部破散的泡泡所包围，每个泡泡里都有一些可能出错的事物，对于普通人来说，这些会出错的事物，只是一些不寻常的不舒服的感受而已。但是对于焦虑的人来说，就像是推着一个球走下坡，而自己已经与这个球融为了一体，最后撞为碎末，仿佛世界末日。

分辨正常和非正常的焦虑

简单来说，焦虑是人处于警戒状态时的一种感受，当遇到令人害怕的事物时，我们会心跳加速或者选择逃避，同时，身体告诉我们需要准备应对潜在的危险，这都是正常的反应，因为这是刻在我们生物本能里的"抗争或逃跑（fight or flight）"机制，而那些遇到害怕的事物却不逃跑的祖先，早就已经凉透了。我们每个人都会经历紧张、压力大的事件，比如考试、工作面试、演讲、表演等，这些都会引起我们的焦虑情绪，我们会心跳加速、出汗，甚至是难以入睡……但是这些也都是正常的情况，通常在事情过去之后，我们的身体机能就会缓和过来，恢复常态。

但是当我们的身体过度警戒时就可能发展成某种疾病，比如有人因为太害怕蜘蛛，任何有可能出现蜘蛛的场所，如老旧的教室、仓库、公园等都会使他呼吸急促，心跳加速。当真的蜘蛛出现时，他会尖叫或者失去行动能力，甚至晕厥。因此他开始躲避一切潜在危险，甚至不去上课或者上班，那么这种焦虑就可以归为心理疾病范畴里的焦虑症了。

这种临床上的焦虑，给我们带来了身心上的不适、担忧以及恐惧，影响了我们的正常生活。这时，我们的身体就不能关闭警戒开关，使得我们身体和精神过度消耗。其实，每个人的内心都有个小孩，都有着自己的弱点，他可能有黑暗恐惧症、恐高症，或者害怕特定的生物，如蜘蛛和蛇，也可能害怕医生、护士。又或许他不害怕事物，却害怕某些场景，诸如飞行、密闭空间、广场等，这些都是焦虑的一个分支，叫作"惊恐障碍症"或"特定恐惧症"，严重时会突然毫无缘由地紧张、出汗、身体不适、头晕目眩、呼吸困难等。

焦虑症中较大的一个分支，叫作"广泛性焦虑"，顾名思义，就是一个人担忧的事情过多，担心自己学习，担心自己或者家人的健康，担心未来的工作发展等，导致自己的注意力和精神都耗费在这些外人看来杞人忧天的事情上，以致身心俱疲。

有时焦虑就像是身体的警钟，令人无法忽视它的存在。我们会出现睡眠障碍，食欲问题，以及难以集中注意力；我们也可能感到头痛、肠胃不适，甚至还会出现惊恐发作，如心率加快、头晕等。

焦虑是由什么引起的？

目前虽然很难有确切的定论来说明焦虑到底是由什么引起的，但研究已经确认了不少因素能增加其发生的概率。

我们儿时那些造成明显身心创伤的个人经历，在心智未完全发育的年幼时期所遭遇的创伤，往往会对之后的人生产生巨大的影响。这些经历包含：

1.生理或是心理上的虐待。

2.被忽视，冷暴力。

3.失去至亲或身边重要的亲友。

4.被霸凌或是社交孤立。

正因为如此，原生家庭的概念才会成为高频词，即使成年后，很多人也难以摆脱原生家庭带来的心理阴影。心理学中有一个非常经典的生物实验，非常生动地解释了父母在幼儿发展过程中的重要作用。他们将两只刚出生的小猴子关在了笼子里，一个笼子内有与母亲相似的皮毛垫子，用之来模拟母亲在身边的交互感，而另一个笼子却只有冷冰冰的铁丝网。在一段时间之后，在皮毛笼子里成长的小猴子，跟正常在猴群中生长的小猴子没什么区别，活泼好动，而在冰冷铁

笼里的小猴，却变得畏缩、呆滞、性格暴躁。

数不尽的研究都已经证明，孩子们的童年经历，对他们的成长发展有着重要的作用。如果一个人童年遭遇过虐待、家暴、父母的排斥或冷落，或者是被同伴所排挤，抑或是被性侵，都会严重影响到其未来的成长发育。这些较为悲惨的童年经历，会导致儿童在成年后产生更多的过激行为，更高的犯罪倾向。正因为如此，那些所谓为了孩子的健康成长，"打你是为了你好"的观念，其实是我们需要摒弃的。

除去儿时的经历，另一个造成焦虑的主要因素就是我们当下的生活状态，如：因为学业工作导致身心俱疲、长时间的工作与学习、感到巨大的学业或工作压力、居无定所、缺乏社交、被排斥、被霸凌等。

最后一个重要的因素就是生理或心理上的其他疾病，比如患有慢性病或者重症的人群，往往会遭受抑郁症或是焦虑症的折磨。与此同时，一些药物的副作用，也会由于影响内分泌，导致焦虑的产生。酒精与毒品，会使我们的大脑产生各种精神问题，自然也不会少了焦虑。

如何应对焦虑

就像之前提到的那样，负面的情绪与经历，会在潜意识中植根于我们的思维深处，久而久之，造成了恶性循环：越是焦虑，越容易将本来无伤大雅的情境严重化，越倾向于逃避，从而使得克服这个问题也变得日益困难。从临床上来说，医生通常会采用认知行为疗法以及药物来治疗较为严重的焦虑。

那么，在日常生活中，我们可以通过什么方法来减缓自己的焦虑呢？挑战自己的恐惧与焦虑感。以公众演讲为例，很多人害怕这个情境是因为担心他人的负面评价，如"我在台上忘词了怎么办""如果观众问我问题，我答不出来会不会很丢人""如果我出汗脸红，声音发抖的话会不会显得很不体面"等。不妨假设一下，你作为观众，台上表演者的失误是否会让你耿耿于怀，甚至是一直嘲笑吗？显然并不会。因此，这时就需要质疑自己的想法是否真的成立了。

当然，主观上想要立即停止自己的焦虑与担忧是非常困难的，有时候我们甚至会觉得只有一直保持这种忧虑感，才会感到安心，因为如果不这样考虑周全的话，不好的事情就会发生。

我们可以采取几种不同的方式来应对：

• 设定一个特定的时间段，让我们专注于自己所忧虑的事情，不断提醒自己并没有忘掉这个忧虑，间接使自己安心。

• 计划一些短期并且有趣的活动，从而可以有效转移自己的注意力。

• 一些心理治疗中常用的放松方式，比如肌肉放松与呼吸放松，都能起到不错的效果。另外，在心理治疗中，一个有效的方式就是通过与亲友沟通，确认自己的忧虑是不是过激，或者采取录像、笔记记录的方式，来回顾自己的表现与获得的评价是不是与自己的预期相符，从而形成良性的反思。

• 在出现焦虑时，我们要学会经常询问自己，"我的这个想法合理吗？""这个问题真的存在并且亟待解决吗？"我们可以写下自己最为忧虑的问题，然后列出所有可能的解决方法，即使是很差的方法也可以（比如逃避），再从实用性的角度上思考这些方法的可行性，选择最为合理和可行的解决方式，之后再为实行这个计划做准备，最后实施计划。

最为重要的是，我们要懂得，感到焦虑并不是我们的错。遭受焦虑困扰的人总是过度担忧自己做错了什么，那么想象一下，假如我们身边的一个"朋友"无时无刻不在大声指责你做错的事，以及你人生的失败之处，那你肯定会迫切想要与这个"朋友"断交。然而，焦虑的人内心就有这么一个整天不消停的"朋友"，也就是说，焦虑的人，在自我虐待。

也许现在就是与内心的"恶友"说再见的时候了，学会支持自己的想法与行动，学会原谅自己的忧虑以及错误。如果我们工作失误，一笑而过就好；如果想要去交朋友，那就鼓起勇气去迈出第一步。当我们学会与生活和解，渐渐地，我们的激情与动力也就回来了。否则，就永远不能自我疗愈。

著名的精神病学医生维克多·弗兰克尔说过："对于那些对人生毫无期待的人来说，我们需要做的是让他们明白，人生正在期待着他们。"

▪️▫️▪️ 自制力失效

什么是拖延

当我们打开电脑或者看着书架，可能会发现自己收藏了很多的影视剧，购买了无数的书籍，但总是"没时间"去看。仔细回顾一下我们脑海中的计划表，为什么会有堆积如山的冗杂事项非但没有完成，反而越来越多？经过如此长时间的"积累"之后，我们甚至可以凭记忆画出电视剧或者书籍的封面，但是直至今日，却仍然未看。我们总是在截止日期前或者被人逼迫下才会临阵磨枪，匆忙完成任务，如在亲友生日来临之际才想到置备礼物，在用到锅碗瓢盆时才注意到待洗的餐具已堆积如山。"我会完成这件事""我明天就开始""我今年要学一门外语""我要学一门乐器"……这些计划都是对我们自身发展有益的，但是事实上，我们却很少能真正完成自己的"宏图大志"。除了清单加长，我们的生活并不会出现实质性的变化。

当今的信息时代，拖延（procrastination）已经成了我们生活中的高频词汇，几乎所有人都有过拖延的经历。我们的大脑里仿佛住着一个小恶魔，总是神不知鬼不觉地"教唆"我们的身体偷懒。然而，拖延不仅仅是现代社会的产物，可以说，有人类文明的地方，就有拖延。

公元前800年的古希腊诗人海希奥德曾写道："不要将你的工作放到以后再做(Do not put your work off till tomorrow and the day after)。"古罗马政治家西塞罗则称拖延为"可憎"的，脸书创始人扎克伯格在哈佛演讲时，开篇第一句就说："没有人在一开始就知道所有事，没有什么想法在一开始就是完美的，只有当我们开始着手做以后才会变得清晰，所以我们唯一的选择就是开始去做。"

现有的研究发现，拖延不仅仅只是将事物推迟完成这么简单，真正的拖延是自制力的失效。心理学家们将这种拖延定义为：在知道自己将要面临的结果的情况下，仍自主地将重要事件推迟的行为。我们常觉得薄弱的时间观念是导致拖延的罪魁祸首，但其实难以有效控制自己的情绪才是拖延的真正根源。

新年决心效应

每当新年或者新学期，抑或是新的一周开始的时候，我们总是会设定一个目标，比如接下来的一个学期一定课前预习，新的一年一定要开始健身等。学生需要写寒暑假作业，或是论文，本应花几个月去解决的任务，但真正的功夫却往往用在交作业的前几天。讽刺的是，通常我们在接到这些任务时内心非常明确：临时抱佛脚的方式并不适用。因此，我们需要有个理想的规划：时间与工作如何平衡？每天写多少内容？最好提前写完，这样还能留下充足的时间休息娱乐。然而结果却总是不遂人愿：由于未来的时间总是显得很充裕，所以大部分人会一拖再拖。慢慢地，时间从还有几个月，到还有几个星期，到只剩两天。这时，我们的肾上腺激素爆发，求生欲突然出现，在两天，甚至是一天内完成那些看起来不可能完成的任务。久而久之，原来本应稳定增长的进步曲线开始停滞，最初信誓旦旦达到目标的决心开始衰退。

这种拖延的现象还有一个名字，叫作"新年决心效应"。从生活中我们也不难发现，比如，刚开学的时候图书馆的人特别多；新年伊始，健身房也总是人满为患，但随着时间的推移，人渐渐变少，这就是所谓会员制健身房的盈利所在，它正是利用了人类的拖延习性。正所谓万事开头难，但遗憾的是，即使我们坚持去练习，想要突破自我，比如每天都练琴，每星期都会去几次健身房，但依旧很容易出现无法保持专注和努力的情况，反而会成为一个心理负担，慢慢转变成随意应付打卡下班的感觉。这样只能原地踏步，难以推动自我前进。

用拟人一些的方式来说，就像是我们的大脑里还有一个懒散的猴子或者小恶魔，当我们作为掌握方向的船长，想做一些富有成效的事的时候，脑子里的那只猴子就会突然跳上来抢过船舵，说："不行，先不要做，先去刷刷朋友圈，去看看微博有什么有趣的新闻吧。"于是去翻翻冰箱，找点零食，甚至去做平时根本不愿做的家务，也不愿意去完成手头的工作。因为我们大脑里的猴子并不关心这艘大船驶向何方，就算沉了他也无所谓，他只关心简单和快乐，而我们的大脑，需要的也是快乐，而不是痛苦和压力。

1999年，心理学家 Loewenstein 与 Kalyanaraman 招募了一些被试者，让他们从包含24部电影的清单中选出最喜欢的三部电影。其中，一些电影比较通俗，比如汤姆·汉克斯的《西雅图不眠夜》、罗宾·威廉姆斯的经典电影《窈窕奶爸》；而另一些则更为深刻，比如斯皮尔伯格的《辛德勒名单》、霍莉·亨特的《钢琴课》等。从分类上来说，一部分电影有趣轻松，但是容易阅后即忘，而另一部分虽然容易被记住，但是却需要更多的精力去理解剧情。实验的设计者要求被试者们在选择好电影名单后立即开始观看其中一部，第二天再看一部，第三天看最后一部。大部分人都选择了大名鼎鼎的《辛德勒名单》，因为即使对电影不太感兴趣的人，也都知道这部电影获奖无数。但是有趣的是，他们并不会选择在第一天就看《辛德勒名单》，与之相反，在第一天，大家选择了轻松愉快的通俗类电影，比如喜剧片、动作片等，只有44%的人选择先看"费脑"的电影。当实验者告诉被试者们需要马上看完三部电影时，《辛德勒名单》就被打入了冷官，被选进观看清单的次数少了近三成。

这个研究的结果说明，我们的喜好经常与我们的时间观不相符。举例来说，如果现在有两个选项：在一个星期内看一本经典名著，还是看一本通俗小说，通常情况下，我们会选择更轻松易读的通俗小说。当然，本身喜欢经典文学的情况除外。同样地，在一个星期之后，我们又会做出同样的选择，结果就是明日复明日。正因为如此，我们才会宁愿去刷刷微博，看看视频，而不愿意做手头的繁杂工作。

这种现象，在心理学中有时被称为"现实偏见（present bias）"，指无法认识到自己想要的事物会随着时间的推移进行着改变，而我们现在想要的，并不一定是以后想要的。正因为如此，我们才总会"短视"地去追求眼前的快乐。

我们为什么会拖延？

人们之所以总是明日复明日，原因之一是有的人并不具备所需的技能或资源。例如，有人计划进行更健康的膳食，但却不知道如何准备食材与烹饪；同样，有人打算多运动，但却没有财力支付健身房会员费。

而那些有条件的人同样也会拖延，又如何解释呢？这就要怪罪现在周围的干扰因素太多了，时刻让我们选择"葛优瘫"而不是去健身房受苦。研究发现，当我们情绪比较兴奋快乐，或是感到饥饿，或是被工作压得身心疲惫时，就更难去进行自己预定的目标。

近年来，第三个关键原因开始被发掘：除去资源不足或是短期冲动行为导致我们失去奋斗目标之外，我们还会经常进行自我催眠，让自己的偷懒合理化。在这种情况下，我们会想方设法证明自己应该得到放纵，比如"今天压力很大，所以应该喝杯奶茶""这周天气太差，所以我不去健身房""我现在可以吃炸鸡，反正我明天要去健身"。就像计划下周开始节食的人，通常会在本周摄入更多的食物，进而讽刺地导致体重的增加，而不是他们预期的减少。

另外，对将要进行的活动越厌恶，往往拖延的可能性就越高。如去健身房，每个人都有自己讨厌的训练项目，有的人讨厌练肩，有的人讨厌练背，如果有健身习惯的读者看到这里，想必感同身受，自己在做厌恶项目的训练时往往更想要拖延。当我们看到或者想到一件极度不情愿做的事情时，大脑中与疼痛相关的区域——杏仁核就会被激活，因此，我们的大脑就会本能地去寻找停止这种负面刺激的方式，而最为快捷有效的方式，自然是"眼不见为净"，即将自己的注意力转移到其他事情上。

有这样一个很有趣的研究：以大部分学生深恶痛绝的数学为对象，通过脑成像技术，来探索我们在做数学题时，大脑会发生什么变化。对于那些对数学感到焦虑的人来说，数学与恐惧、紧张、忧虑这些情绪紧密地联系在一起。当招募的被试者们即将开始解答数学题目时，他们大脑中与本能威胁性相联系的区域出现了明显的激活，并且他们大脑里与痛苦相关的区域也产生了激活。

心理学家们发现了一个非常有趣的现象，由于这个实验检测的是被试者们即将开始做数学题时的大脑数据，所以测量时，这些人类"小白鼠们"并没有真正开始做数学题，因此事实上并不是做数学题这个行为带来了不快或者痛苦，而单纯是即将做数学题的想法与焦虑感就已经让他们痛苦不堪。如果联系自己的生活，估计每个人都会感同身受。这个心理研究很简单地说明了拖延的隐含原理，就是当我们将要参与我们讨厌的事情时，大脑会告诉我们它非常的痛苦，进而产生抵触的情绪。然而，当我们硬着头皮真正开始做不喜欢的事情后，这种大脑神经上的不适很快就会消失。

总的来说，拖延的过程大致如此。我们留意到某件事且得到心理暗示，它会让我们产生不适，因此为了消除这种不适，我们试着让自己不去想这些令人不快的事，转而去做一些更让人愉悦的事情，抑或是任何能让自己暂时忘掉"当前任务"的杂事，但这如同饮鸩止渴，短时间内会觉得放松愉悦了，但这种暂时的逃避并不能长久，因为我们所拖延不做的事情还是在那里，如果是重要的学习或者工作任务的话，反而会像一个负担一样越来越重地压在我们身上。

拖延是无伤大雅的坏习惯吗？

我们能轻易在网络上找到无数战胜拖延症的"攻略"，书店里摆放着无数以克服拖延症为卖点的书籍。也正是因为如此，用时短、投入少的网课，尤其是像知乎、喜马拉雅等分享形式越来越受到大众的欢迎。不知道有多少人看到"一小时学会XXX"之类的标题就控制不住自己的双手点击参与，然后告诉自己，我花钱学习了一项技能，或者了解了新知识，那么我今天的学习任务已经完成了，可以没有负罪感地去玩耍了。在《拖延的艺术》一书中，作者斯坦福大学的教授约翰·佩里就曾提到，人们会通过改变自己的日程表来麻痹自己，因为无论如何，它终究可以解决日程表里的一些事，从而自我安慰，今天已经做了某某事，并非浪费时间。心理学家的观点则更为直白，他们认为拖延将有益的行为（比如解决问题、安排日程等）变成了有害的、自我否定的逃避行为。

在2002年，心理学家Ariely与Wertenbroch招募了一群大学生，将其分为两组。他们都需要在该学期上交三篇论文，但是A组的学生可以自由选择三个截止日期，只要在截止日前上交相应的论文即可；而B组的学生，则得到了三个固定的截止日期。结果如何？我们很容易能推断出A组的成绩将会是最差的。尽管大部分学生都明白自己会拖延，所以需要将作业分散完成，但是过度的乐观使得他们不可避免地拖到了最后关头才完全上交；而B组，因为特定的截止日期安排，他们必须时刻敦促自己，自然更有效，论文质量也更

高，从而得到更好的成绩。

在另一项关于拖延的研究中，心理学家们通过量表对大学生的拖延行为进行评测，然后跟踪他们在学期内的学术成就、压力、健康状况。最初，拖延行为较严重的学生反而比不拖延的学生压力更小，因为他们将自己需要完成的学业功课推迟，从而获得了更多的休闲娱乐的时间。但是当期末来临，拖延学生的末日就到了，他们压力更大，更为焦虑，身体健康出现问题，而且得到了更低的成绩。至于那些脑子里住着强大拖延恶魔的学生们，由于怪物太强大，导致的后果就是直接没完成作业，结局就更为凄惨了，如家人的责问，自己的悔恨等，长期下去甚至会自暴自弃。如果联系之前的内容，我们不难发现，拖延患者的健康与成绩的变化曲线是非常符合逻辑的。换句话说，拖延是一种自我击败的习惯，拖延能让我们感到短时间的快乐，但却是以长期的慢性身心痛苦作为代价。

如何克服拖延？

从一定程度上来说，拖延和上瘾有不少共同之处，它们可以让我们短暂地兴奋，并从无聊的现实中解脱出来。说起来其实挺讽刺，我们大脑里的小恶魔总在帮助我们自欺欺人，比如，我们可以骗自己说上网是为了搜索资料；我们开始对自己编故事，会说自己本就缺乏逻辑思维，天生不是学理科的料；我们会为自己找一些听起来有道理，但实际极其荒谬的借口——如果学得太超前，就可能会忘记考试的内容。拖延在一定程度上就像是寄存在大脑的毒药，假如只食用了微量，那么可能并不会造成明显伤害，但随着时间的推移，就等于服下了越来越大剂量的毒药，即便看上去还是健康的。但是此时，摄入的毒药已经逐渐增加了我们患癌的风险，并损坏了我们的身体器官。拖延也是一样，看上去只是推迟了一件非常小的事情，但是日积月累拖延就会成为习惯，虽然看上去也可以很健康，但长期呢？因此，克服拖延，对我们的发展有着长远的益处。

我们得克服大脑中的小恶魔分散我们注意力，引诱我们去玩乐、去享受的欲望。这种自制力对我们的影响非常深远，而著名的棉花糖实验就揭示了其中的缘由。这次的实验对象是一群小孩子，他们坐在一张桌子前，桌上摆放着一个铃铛，以及一个看上去就好吃的棉花糖。小孩子们被告知，他们可以直接吃棉花糖，或者等待几分钟，得到双倍的数量。如果他们觉得自己难以忍受美食的诱惑，那么可以通过摇摇铃来让研究者们终止实验。一些孩子很急迫，直接就吃掉了摆在面前的大餐；而另一些小孩则在盯着棉花糖的同时与自己的欲望做斗争，直到屈服于强大的欲望；还有一些孩子则一直尝试分散自己的注意力，一些在玩弄自己的手指，一些还发出了怪声。在实验的最后，大约三分之一的孩子没能抵挡住棉花糖的诱惑。如果仅仅是如此简单的设计，这个实验并不会那么著名，它的目的在于跟踪调查这些孩子的小学、中学直到成年的成长过程，了解他们届时的工作、贷款情况、家庭状态等。结果显示，那些能克服欲望、自我控制的小孩子们在成年后的发展也更好，他们能有更高的SAT分数（能够等待15分钟的孩子比只能等待30秒钟的孩子的SAT成绩平均高出210分），更善于应对压力，注意力更集中，社交更活跃等。这些并不是因为他们不贪吃或者更聪明，仅仅是因为他们能更好地告诉自己什么决策是对自己最有利的。学前儿童都能做到，作为成年人的我们怎么能比孩子的自制力还差呢？

正如前文的研究所提到的，自定的日程表可能没什么效果，我们还需要有一个有效力的截止日期。针对这个问题，有一个非常流行的时间工具，可能很多人也了解过，那就是"番茄工作法 (Pomodoro)"。它是弗朗切斯科·齐立罗 (Francesco Cirillo) 在20世纪80年代初发明的，因为我们所用的计时器通常是番茄形状，弗兰切斯科就以意大利语中的"Pomodoro（番茄）"来命名了。如今，我们自然不需要古老的计时器了，市面上有无数相关的应用软件，只需要打开手机或电脑，甚至浏览器，它就会自动屏蔽会打扰我们的事物，帮助我们集中精力。研究证明，大多数人都可以保持集中25分钟的注意力，因此，给自己设定一个20 - 30分钟的工作学习时间是非常有效的。如果做到了，便可以给自己一点小小的奖励，如上10分钟网、喝杯咖啡、吃点零食，或是回复一下信息，使你的大脑得到愉悦的放松。在习惯一段时间后，你会发现"番茄工作法"的使用效果非常明显，它就像是你的大脑在健身房做完一次25分钟的高强度训练，然后进行休息放松一样。

　　克服拖延的另一个重要的方法就是我们应注重过程，而非结果。比如，我们需要做一张数学练习卷，但大部分人都讨厌数学，因此很容易选择推迟完成，直到截止日。因此在内心深处，我们深知解决一张卷子是一个很难的任务，就算发呆也比做卷子快乐很多，反正在作业截止日期前我们总是会做完的，这就是我们关注结果的后果。我们脑子里只想到卷子做完和做不完两个结果，而结果则会触发痛苦，这是导致我们拖延的关键原因。如果我们将注意力集中在过程上，即通过分割任务专注于答某一类题，我们就会慢慢忘了结果，因为我们的目的是做完一套题，或者一张卷子里的一个小节。这样，在短期内，你可以平静地在不经意间完成目标。这就像是一场体育比赛，不仅仅是运动员，包括每一个观众，大家所关注的都是球队会如何得到下一分，而不是比赛的最终结果，这也是体育直播的魅力所在。

　　坚定的信念，自然也是改变拖延习惯的关键因素。当事情变得棘手时，大脑里的小恶魔会让挫折感占领我们的思想，使我们渴望回到那个更舒适的旧习惯中去。而只有拥有相信新的习惯能够奏效这一信念，才可以让你坚持下去。有时候，生活中遇到的事也能帮我们坚定信念。例如学习这种需要长期投入，却见不到短期收益的活动。当你在被背诵折磨的时候，也许会因为觉得一辈子都可能用不到而放弃，却迟早会感叹"书到用时方恨少"。当我们去看一个美丽的湖泊，湖中天鹅嬉戏，此时骆宾王的《鹅》就会跃入脑海中，"白毛浮绿水，红掌拨清波"，而那些没记住这首诗词的人，可能一辈子也体会不到用两句简短的诗词就能描绘自己感受的快乐。

拖延总是让我们感到痛苦，而这源于即将要做的事令我们痛苦，如果我们可以换一个角度去看问题，有可能得到截然相反的感受。人类其实非常有趣，在某些情况下，痛苦可以转变为快乐，我们往往能在自己可以掌控的情况下，去寻找低层次的痛苦，然后从中获得乐趣，比如蹦极、吃辣椒、过山车等。就像诗人约翰·弥尔顿所说过的一句话："心是它自己的住家，在它里面能把天堂变地狱，地狱变天堂。"

　　光阴珍贵，切莫活成得过且过的样子，正所谓"落木无边江不尽，此身此日更须忙"。

——《次韵李节推九日登南山》陈师道

看不见的白熊

"被强迫思维所困扰的人，就像是拖着一个沉重的锚。强迫思维像是一个刹车，一种拖累，而不是代表着拥有创造力的奖章，不是天才的象征。"

—— 大卫·亚当《无法停止的男人》

强迫症就像是有一圈额外的云包围在我们的大脑和思维之外，像是一群蜂在我们的大脑周围进进出出，嗡嗡作响。"蜂巢"有时会非常忙碌，有时会有空闲，这主要取决于当天的心情。它又像一个年久失修的水龙头，无休止地滴着水。大脑持续不断地产生不合理的想法，即便知道不合理，但却仍然不停地产生这些想法。它们会在那个时间段变得极其重要，用恐慌支配着我们。

看不见的白熊

"试着完成下面这个任务：不要去想白熊（北极熊），然后你却会发现这个被诅咒的东西每分每秒都会回到你的脑海中去。"这个我们耳熟能详的心理学现象，来自于俄罗斯著名作家陀思妥耶夫斯基在1863年著作的西行游记《冬天里的夏日印象（Winter Notes on Summer Impressions）》。

这只"白熊"，可以指代一切我们想要停止的事物，比如戒烟，为了减肥不吃甜食，终结不健康的关系，或者是他人恶毒的话语。在阅读之后的文字时，试着不要去想这只"白熊"，最后看看结果如何。

有趣的是，直到一个世纪之后，这个现象才真正被哈佛大学的社会心理学家丹尼尔·威格纳所证实。他做了一个很简单的实验，要求被试者们用语言描述自己在5分钟内脑海中进行的意识流，同时尽量不去想到白熊。如果白熊闯入了脑海，那么就需要摇一下铃。结果不言而喻，尽管每个人都尽可能地避免这种情况，但参与者的大脑每分钟都至少会被白熊"打扰"一次。

接下来，威格纳告诉这些被试者将继续实验，唯一的区别就是这时他们可以尽情地去想白熊，结果发生了什么呢？

先被压抑5分钟，然后给予"思想自由"的被试者们，相比于另一组一开始就被告知可以想白熊的被试者们，更频繁地想到白熊。

有意思的是，我们大部分人在遇到这种不断闯入的负面想法时，本能反应都是训诫自己的大脑"停下"，结果却带来了反效果。因为压抑思想，有时候反而会造成逆反，正所谓"得不到的才是最好的"。因此，大脑会更变本加厉，这与人类的逆反心理有着有很大的相似之处。

2010年，心理学家们找来了正处于节食阶段的160名女性被试者，将她们分成3组，要求其中一组抑制她们对巧克力的渴望，另一组则要去想巧克力，剩下的一组可以去想任何她们希望的事情。之后，心理学家们让这些正处于节食期的女性们参与为两种巧克力口味评分的小测试。结果显示，那些抑制巧克力想法的女性，反而吃掉了最多的巧克力。

之后，这些心理学家又做了另一个相似的实验，只是这次把巧克力换成了烟。他们要求老烟枪们记录自己每天抽烟的数量，持续三个星期。在第一个星期，心理学家们给他们提供的烟量与以往没什么不同，到了第二个星期，一些老烟枪被要求抑制自己抽烟的想法，一些则被鼓励想抽多少就抽多少，剩下的则自由选择。结果显示，那些抑制自己抽烟想法的老烟枪们，对烟的消耗量出现了减少。但是，在之后的一个星期，当这些老烟枪放弃了抑制自己对烟的渴望后，他们抽了比平时更多的烟。

联系自己的生活，是不是似曾经历呢？多少人在立志之后，因为片刻的放松而前功尽弃。

驯服白熊

在之后几十年的研究中，威格纳开始意识到，每当他解释自己的作品时，听众通常都会问相同的问题："好吧，我懂了，那么我到底应该怎么办呢？我怎样做才能使自己的思想回到正轨？"

因此，他总结了"抑制白熊"的几种主要策略。

1.选择一个能转移自己注意力的干扰源，然后专注于这个干扰源。在一项研究中，威格纳与他的同事，要求被试者们去思考红色的大众汽车而不是白熊，结果发现这种给予另一个干扰源的方法，可以帮助他们避免烦人的白熊的叨扰。

2.试着推迟自己的想法。不少研究发现，让人们给自己定一个特定的"胡思乱想"的时间段，比如每天晚上半小时，那么在一定程度上，能减少自己在平时过度担忧或者被"白熊"所困扰的频率，解放被"白熊"过度占用的时间。因此，当下一次白熊无礼地闯入我们的大脑时，不妨试着告诉大脑："到下个周一，才是白熊的放风时间。"

3.避免多任务同时进行。我们的大脑就像一个容器，或者电脑的处理器，是有其认知负荷的，同时处理的任务越多，大脑的效率就会越低。有一项研究甚至发现，当我们大脑的认知负荷过重时，更容易出现负面的情绪以及想法，换句话说，当大脑很累时，它也会在那哀嚎："好累，我不想活了！"

4.暴露。这个暴露并不是生理上的暴露，而是学会接受扰人想法的存在，而不是当"白熊"一出现就大惊失色，退避千里，当大脑习惯"白熊"的存在时，我们就不会那么关注这些负面的想法了。正如有时我们住宿在某些特别吵闹的地段，前几天会不胜其扰，难以入眠，但是在习惯之后，没有外界吵闹的声音反而更难睡着。

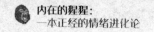 **愤怒的气球**

> 发一次怒对身体的损害，比发一次高烧还要厉害。
>
> —— 大仲马

愤怒，是一种人皆有之的情绪，它会出现在我们生活中的方方面面，比如破碎的感情、失业的苦楚、病痛的折磨。在电视、报纸报道的各类暴行中，愤怒都起了一定作用。愤怒还会给我们的生活带来灾难性的后果。如果对愤怒情绪放任自流，它会破坏我们最亲密的人际关系，损害我们的身心健康。

愤怒的影响有多大？

研究表明，我们最容易发泄愤怒的对象往往是熟悉的人，比如父母、伴侣、同事、朋友、孩子。而有的人对外彬彬有礼，回到家却难以控制自己的情绪，暴躁无比，一旦出现纷争，也从不妥协，严重的甚至会导致家庭的破裂。想象一下，愤怒的情绪，是不是也破坏过我们自身一些重要的人际关系？我们是否经常将自己的愤怒推卸给他人呢？

不仅如此，愤怒还会引发攻击行为，比如我们经常在新闻中看到的激情杀人，或者是"路怒"。对身体健康而言，愤怒也并无益处，长期研究发现，愤怒与心脏病有诸多关联。设想一下，每当我们情绪激动、愤怒的时候，我们都会出现心跳加快、气血上涌、肌肉紧张等躯体表现。从生物学来说，愤怒有助于我们勇敢对抗"敌人"，但现在处于文明社会，不停地因为鸡毛蒜皮的事而启动愤怒系统，就像是汽车拉着手刹猛踩油门一般，长此以往，会对身体（比如心脏、心血管）造成严重的损害。

除去上述那些可见的后果，愤怒带来的还有精神上的损害，正因为如此，才会有那么多的"愤怒管理（anger management）"课程，著名喜剧演员查理·辛就曾出演过名为《愤怒管理》的美剧。设想一下，我们在愤怒的时候，会不会在埋怨他人的同时，也在责怪着自己，从而产生了抑郁的情绪，或是内疚、窘迫、失控，导致与人交往时缺乏自信呢？

研究证明，在管理不当的情况下，愤怒是对我们的健康和福祉具有最大影响的负面情绪，与其联系最密切的健康问题，莫过于高血压、心血管疾病和消化系统疾病。愤怒还会引起皮质醇水平的升高，因此，长期生气的人更容易患感冒、流感、哮喘和皮疹等疾病。陷入愤怒等负面情绪，会增加人体产生的压力激素——皮质醇，反过来会削弱我们主动解决问题的能力，还会降低免疫能力，正因为如此，我们在愤怒时才容易做出很多让自己后悔莫及的事情。

不仅如此，愤怒状态还会导致我们知觉能力的下降。2014年，心理学家们做了一个有趣的实验，他们要求被试者回忆并且写下那些引发自己恐惧与愤怒情绪的个人经历，之后他们的手被隔板遮挡，心理学家们用道具去刺他们的手，结果显示，那些回忆自己痛苦经历的被试者们，其被刺时触觉感受的准确性以及敏感性出现了下降情况。可见，愤怒不仅让人丧失理智，还会对周围世界的感知变得迟钝。

易怒的人，反而觉得自己更聪明

愤怒，与其他的负面情绪，比如焦虑、抑郁不同，是一种有趣的负面情绪，因为它总是与很多积极的特质有联系，比如乐观、自信。心理学家们怀疑，这是因为愤怒的情绪，让人过度高估了自己的能力，才造成了这种奇妙的相关性。

为了验证这个假设，他们找来了五百多名在校大学生，让他们通过量表来评估自己的易怒程度，以及自己的智商。同时，这些学生需要做一个专业而客观的智商测试，结果显示，那些容易生气的人，更容易高估自己的智商水平。其实这个结果并非出人意料，不少研究发现，自恋是人们高估自己的主要因素，而愤怒的人，又与自恋特质息息相关。正因为如此，愤怒的人，才容易做出一些让常人无法理解的不自量力、螳臂当车的行为。

正如梁实秋所言："血气沸腾之际，理智不太清醒，言行容易逾分，于人于己都不宜。"

愤怒与癌症

愤怒是一种正常的感觉，但正如之前的研究所示，发泄抑或是抑制愤怒，都会引发问题。当愤怒情绪强烈并且长时间持续，或者被强烈压制时，便成为不健康的愤怒。

越来越多的研究发现，压抑状态的愤怒与癌症息息相关。在对癌症患者的调查中发现，相较于健康人群，患病的人出现了极低的愤怒评分，这表明患者可能正在抑制愤怒，这也说明了抑制愤怒可能是癌症发展前兆的证据。

在对患有乳腺癌的女性进行的研究中，研究者们发现，在极度压抑愤怒的行为与确诊乳腺癌这两者之间，有着显著的统计学联系。抑制自己愤怒情绪的女性们的血清免疫球蛋白 A 水平升高，而这个免疫球蛋白，与不少免疫性疾病息息相关。男性也是如此，研究也证实了长期压抑愤怒情绪的男性体内的一种重要的免疫细胞——自然杀伤细胞，出现了明显的细胞毒性，因此这些男性也更容易患上前列腺癌等疾病。

当愤怒情绪的控制成为一种需要时，正确的方式也就变得可贵。很多书籍都在指导人们如何应对愤怒，却往往无法提出有效的建议，甚至会互相矛盾。有的建议逆来顺受，有的则鼓励尽情发泄，很显然，这两种方式都有明显的弊端。

在20世纪50年代，心理学家阿尔伯特·埃利斯（Albert Ellis）初创了一个行为疗法，叫作"理性行为情绪疗法（Rational Emotive Behavior Therapy）"。而这个疗法，也经受住了时间的考验，被证实有效。

应对愤怒情绪的五大误区

我们先来了解一下，埃利斯博士所提出的应对愤怒情绪的五大误区。

第一个误区，通过发泄来减轻愤怒。最初的心理学理论，比如弗洛伊德的"情绪液压理论"认为，如果我们过度积攒愤怒，就会聚集过多的负面能量，如果没得到释放，就会引发疾病。然而，这个观点有两个错误，即发泄愤怒的确会让我们消气，表达愤怒可以减轻愤怒对健康的影响。在几十年的心理学研究过程中，有一个相对公认的结论：不管是从言语还是行动上发泄愤怒，都只会导致更多的暴力。所以下次生气时，试着忍住怒气，你会发现，激动的情绪会慢慢平静下来。

第二个误区则是在愤怒时采取暂停的策略，即在愤怒的时候，去避免或远离那些让我们愤怒的源头。暂停策略，在一定情况下的确有助于头脑冷静，但是，习惯性地回避，会导致我们不再设法解决应该解决的问题，那么，愤怒的源头依旧滞留在那里，甚至恶化；另外，这种回避，也不利于进行情绪管理，还会使我们养成一种逃避困难的习惯，不利于长期发展。

第三个误区，化悲愤为力量，拥有愤怒的情绪，能帮助我们战胜逆境。但事实上，愤怒的情绪往往会阻碍我们实现目标。道理很简单，如果在愤怒情绪下能完成的事情，在理智情绪下肯定会完成得更好。

第四个误区则是一些心理健康专家灌输的错误理念，即洞察过去可以减轻愤怒。因此，有些人认为，自己的愤怒，肯定与童年时期的心理创伤有关，那么，想要弄清楚这种童年创伤，几年的治疗是不可避免的，但是这并不能减轻愤怒。试想，我们想提高自己的羽毛球技巧，请了一个教练，在几次课程后，教练发现我们的握拍方式不对，那他是应该花几个月时间，弄清楚是不是你童年的经历导致你握拍错误，还是直接指导你改变呢？答案显而易见。当我们愤怒时，要弄清楚自己做错了什么，而不是钻牛角尖，探究为什么自己会产生愤怒情绪。

最后一个误区，就是大家总会在愤怒的时候，觉得是外界的因素导致自己生气，自己是一个受害者。但是，往往这种想法，才是导致无尽止愤怒的重要原因。设想一下，你和另外五个人因为交通堵塞赶不上重要面试，那么，你们的反应会一样吗？或许有的人会暴跳如雷，开始谩骂，而有的人则冷静地自我安慰。不仅不同的人对同一件事的情绪反应不同，即使是你自己，在不同的时间对同一件事的反应也是不同的。所以，如果想要有效地减轻愤怒，那么需要改变自己"受害者"的观念，理性、自然地看待问题。

控制愤怒

如上文所说，交通拥堵，是诱发我们愤怒的事件，是因；而愤怒，则是情绪和行为，是果。如果愤怒是由堵车所导致的，那么我们可以断定，只要是堵车，就必然会产生愤怒的情绪，但这显然是不合理的。就像水需要到达某一个温度点才会沸腾一样，我们的情绪也是如此。这时，就体现出了个人信念体系的重要性。简单来说，我们无法改变因，但是可以通过信念的变化来改变看问题的视角，从而改变结果。

因此，如果我们想要改变自己的负面情绪和行为，或者改变导致这些情绪行为的信念，那么，坚持努力地做大量的练习是不错的选择。因为很多时候，我们都能清晰地意识到自己出现的问题和错误，但是这不意味着我们会去挑战这些非理性的想法，更别提去改变了。信念，也有着强弱之分，比如有的人可能觉得"4"这个数字代表着不吉利，尽管理性告诉你这只是迷信而已，但是在生活中，我们仍然会尽量避免用到它。

那么，到底该如何训练呢？其中的一个方法叫作"理性情绪想象"，由精神病专家马克西·莫尔茨比博士提出。我们可以想象一个负面事件或一系列让你生气、烦恼的事件，比如自己工作出色，却因为同事的原因背了黑锅，被领导责骂。通过这个负面经历让自己的愤怒迸发出来，之后尽可能去通过改变信念、想法的方式，让自己的情绪稳定，再重新演练，看看事情的结果会不会出现变化。有研究发现，如果想象一下那个令自己生气的人，曾经给过自己的愉快经历，那么会让我们减轻愤怒，对那个人产生较好的感觉，如此循环，慢慢这些感觉就会胜过敌意。这也是很多情侣、夫妻，在大吵之后，仍然会复合的原因之一。

试着去帮助他人解决愤怒的情绪也是一个不错的方式，所谓"旁观者清"，在多次帮助他人解决愤怒后，在应对他人愤怒情绪的同时，我们也会从中了解到愤怒的本质，从而避免自己生气。

参与公益活动也是方法之一。很多研究表明，容易出现情绪问题，比如暴躁、生气的人，更容易感到生活乏味、没有人情味、觉得孤独。如果能参与有益的集体活动，或有一个积极的人生目标，那么他们内心中的负面情绪也会随之消散。

另一个简便易用的方法，就是背诵那些理性的话语，用这些话语来帮助自己克服愤怒情绪，关注更为理智、有益的方面。这就有点像很多基督教人士在遇事时喜欢说"上帝保佑"或是佛教人士说的"阿弥陀佛"等话语来平静自己的内心一样。在情绪不稳定时，你可以试着重复自己喜欢的那些理性语句，通过简易的放松来实现自我冷静。

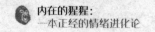 **大脑的阴雨天**

文化如何影响抑郁症

诗人与哲学家们一直为人类情绪既有普遍的共性，又有独特的个性这一特质所着迷。文化在我们的情感叙事上留下了不可磨灭的烙印，同时也影响着我们对抑郁的感受和看法。抑郁症就像是漫漫星空下的点点繁星，这是一片布满点点昏暗荧光、充满着痛苦且广阔无垠的星空。

当我们仰望夜空，那纷繁复杂的抑郁症状，就像是天上的繁星一样，点缀在我们的视线里，而由于所处位置的不同，每个区域的人所看到的景象不同，不同文化引发的观念也自然不同。

一个非常迷信的中国人买了一套房子，但门牌号是含有"4"，这就给他带来了非常大的困扰。但是由于各种原因，他无法将这套房子转手，只能硬着头皮住下。渐渐地，他觉得自从搬进这个房子后，就万事不顺，慢慢地积郁成疾，患上了抑郁症。

　　一个非洲人，由于经常感觉不安，于是去看心理医生，但当医生问他是什么感觉的时候，他说出一串奇怪的音符，类似"Obeah……juju……voodoo……"医生无法理解，幸好当地的一个助手适时解了围，就问他是不是"xxx"的意思，那个患者惊喜地说："是是是。"为什么医生不理解呢？因为患者说的这一串话是他们文化中"梦魇"的意思，由于接受的教育不同，医生并不能理解。

　　在西方文化中，对抑郁症的解读，通常会从生理以及心理两方面共同入手；但在东方文化中，尤其是中国，人们更倾向于表达自己生理上的感受，比如疲惫、睡不着，但却很少倾诉自己心理上承受的压力和痛苦，因为我们注意力的下降、胃口不好、失去兴趣，是因为睡不好、身体累，在一定程度上成为医生常说的"神经衰弱"。

抑郁情绪与抑郁症的区别

　　在当今社会，"抑郁"这个词无处不在，甚至在寻常的对话中都可能频繁出现。当我们结束一天繁忙的工作回到家时，我们会对亲人诉苦，或者发朋友圈抱怨——生活使我们抑郁；当得到一些坏消息时，我们也会抑郁。

调查显示，大约有10%的成年人被抑郁症所困扰，哪怕你是名人，比如著名作家J.K.罗琳亦是如此。但是，作为一种精神疾病，抑郁症比类似高胆固醇、心脏病、癌症等疾病更难以被人理解，其中最容易被混淆的在于如何区分患有抑郁症与简单的情绪低落。

这就可能带来严重的问题。

因为无法准确分辨抑郁情绪与抑郁症，当我们对普通的情绪低落过度反应时，也可能忽视真正的抑郁。如果按照当今社会的发展趋势，如果当我们感到忧伤、不适时，都用"抑郁"来指代，那么我们就过度简化了这个心理疾病中最为重要的成员。根据截至2017年所获的数据，大约3亿人正承受着抑郁症的折磨。

抑郁情绪（如忧伤）的特点在于其有特定的诱发事件，比如因考试失利、被炒鱿鱼、与人发生争执、分手后的失落，甚至只是雨天都有可能导致心情低落，有时可能根本就是没来由的消沉，或是伤感突然来袭。但是，这些抑郁情绪最终会随着时间慢慢褪去。我们会忧伤一段时间，也许是几小时，或者几天。人的一生中，都会经历无数次的抑郁，然后通过哭泣、倾诉等方式，来减轻不良感受。

抑郁症，是全球患病率最高的几种疾病之一，影响了我们思考以及感受世界的能力。它像是一团黑烟，无孔不入地渗透到我们的生活中。通常情况下，它会持续至少两周的时间，并且会严重影响患者的工作状态、行为能力，以及情感生活。

抑郁症是一种什么感受

想象一下，你非常想去做一些事情，或是想要去某些地方，但是无论如何却总是找不到动力和意义，就像是坐上了驾驶位却发动不了的汽车一样。这种感觉仿佛身上背负着一块非常沉重的石头，有时又像指尖绕着一个非常轻的气球。

抑郁就像一个很重的杠铃，它以你的脏器为起点，然后慢慢加强。最初它很小，却一点点地变得越来越大，它坠入你的胃里，压在你的心脏上，越来越沉重，从而难以去应对，最后变成了无法承受的负担。

当被抑郁症缠绕时，我们对外界的事物变得麻木，平时妙趣横生的事变得不再有趣，生活也不再那么吸引人。我们的食欲会发生改变，产生自卑或者极度的负罪感，开始嗜睡或者失眠，无法集中注意力，焦躁或迟钝，浑身乏力，或者反复产生轻生的念头。

除去外界的突发因素，很多时候，人们会"毫无缘由"地患上抑郁症。表面上，他们过令人艳羡的生活，有和睦的家庭、高薪的工作，但是事实上，他们却在面具下痛苦地挣扎。每天早上，他们甚至无法起床，即使亲友都如往常一样，欢声笑语，但是孤独感却依旧莫名地袭来；工作受到认可，却失去了奋斗的动力。这也是为什么那么多成功人士，会突然选择结束自己的生命。

著名作家奈德·威兹尼就描述过这种感受："我不想起床，我在睡着的时候感觉更好。但是令人伤感的是，这就像是反向的噩梦，当你从噩梦中醒来你会感到如释重负，而对于我来说，我醒来后就进入了噩梦。"

不仅如此，由于抑郁症是心理或精神疾病，患者往往无法得到与其他疾病同等的治疗待遇。作为一种医学上的情绪障碍，它没有办法像大部分人所认为的那样，"心情不好而已，出去散散心，多交朋友，靠自己的意志来改变就好了"。殊不知这种不被理解会造成二次伤害。

除了生理、心理上的症状，抑郁症还会引起一些大脑上的临床变化。有些变化可以通过脑成像技术观察到，其中包括大脑结构上，如前额叶、海马体的萎缩。从更微观的角度讲，抑郁症与以下几点有关：以血清素、去甲肾上腺素和多巴胺为主，某些神经传导物质的异常传递与消耗引起生物钟节奏混乱或是睡眠状况的明显变化，以及荷尔蒙紊乱，例如皮质醇异常。

普通人平时若是有一天睡眠不佳，第二天也会情绪不良，无精打采，可想而知，抑郁症患者在长期睡眠质量低的情况下是多么痛苦。

时至今日，心理学家们始终未能完美阐释抑郁症产生的原因，目前也还没有有效的方法，来准确判断这种症状具体的发生机制。而且，由于抑郁症的病症发生于无形，以及带来的自卑感，我们很难发现那些正饱受抑郁症困扰的人。这也是为什么很多时候，在我们外人看来如此正常健康的人，会突然选择结束自己的生命。

有数据显示，平均每一位患有精神疾病的患者，需要花至少10年的时间去寻求专业的帮助。因为告诉别人"我牙疼"要远远比告诉别人"我心疼"简单。

对于饱受抑郁困扰的人来说，迈出这第一步尤为艰难，因为有负罪感或羞耻感。我们需要明白，抑郁症是一种医学疾病，就像哮喘或糖尿病一样常见。抑郁并不能成为他们的弱点或人格缺失。另外，我们不能只靠自己硬撑来克服这个疾病，因为这并不像伤筋动骨一样是可以自愈的病症。

职场中的抑郁

"你心情不好而已，为什么就想不工作""你怎么老拿自己心情不好做借口""别人得大病都坚持上班，你心情不好就想请假"……这些都是抑郁患者经常听到的话语。当人们并未真正了解什么是抑郁时，便会妄下论断。

一项研究显示，大约有6%的工作者，都遭受过抑郁症的困扰。而抑郁带来的财政负担也非常大，仅是2003年，美国就因为抑郁产生了440亿美元的财政损失。

因此，职场中的抑郁，越来越为人所重视。由于抑郁，很多工作者都会受到潜在的"歧视"，最为常见的就是在求职中遭拒，抑或是在办公室中成为"局外人"，心情更加压抑，以此形成恶性循环，导致病情的加重。

大部分时候，我们的关注点都集中在抑郁会带来的各种职场歧视现象，往往会忽略另外一点，那就是很多人是在工作后才出现抑郁或其他心理疾病的。

比如性别带来的歧视，女性受到从业机会的要求和限制，而且得到的薪水也较低。很多研究都发现，这种歧视行为与受歧视者的抑郁情绪联系密切，简单来说，就是职场的歧视引起抑郁，抑郁引发新的歧视，继而加重抑郁。日复一日，这种歧视以及工作上的压力，不仅会在心理上，也会在生理上给患者带来严重的影响，不仅会有抑郁情绪，焦虑情绪也会出现得很频繁。很多研究同时显示，长期受到歧视也会引发心血管疾病或各种生理健康问题，如果是孕妇，还会影响到新生儿的出生体重和健康情况。

另外，有一个影响巨大，却很难被人意识到的歧视现象，那就是当有抑郁情绪或者抑郁症的工作人员想要请假或者休养一段时间时，基本不会被批准。因为很多用人单位，尤其是私企的人力管理部门，根本不会认为"抑郁"是一种需要休息或者治疗的疾病，而很多患者，也会担心受到歧视和排挤，不会以"抑郁"为由去请假。

即使是全世界最顶尖的NBA球星，他们做着自己最爱的事，赚着别人几辈子花不完的钱，但也会深受抑郁困扰而不被理解，甚至还承受着聚光灯下键盘侠们的批判。比如骑士全明星大前锋凯文·乐福的惊恐障碍，在发作离场后还被更衣室的队友指责；猛龙球星德罗赞深受抑郁的困扰，作为当家球星还一直承受着外人的冷嘲热讽，只因竞技体育胜者为王。他曾这样说道："无论我们看上去多么无坚不摧，到头来，我们都是人，我们都会有感觉，有时候，那会击败你，仿佛整个世界的重量都压在你身上。"

耀眼的明星尚且如此，何况是普通人呢？

应对抑郁的阴云

当抑郁袭来，不要放弃生活，而要尽可能地利用社交来增益我们的积极情绪来对抗它，即使我们内心非常排斥社交。只要记住一点：这种感受只是抑郁给大脑施加的误导。时刻与自己的亲友保持接触和联系，会使我们在对抗抑郁的时候拥有更强硬的后盾。

锻炼与饮食也是非常关键的一环，因为锻炼能激发我们的大脑分泌有益的神经递质。如果没有时间，哪怕只是每天走20分钟也是极为有效的。除此之外，配合合理的饮食，等于是给我们应敌的大脑提供了充分的补给。

在抑郁掌控我们时，尽量不要去逃避那些让我们感到困难的事情，因为当我们开始逃避时，就会渐渐地把自己与外面的世界隔绝开来。当出现了这种逃避的征兆，试着勇敢地去面对这些困境。

在内心承受痛楚时，不要放开对自己的约束。很多人会借酒消愁，去填补自己空虚的内心，消磨难以承受的时间。但是可想而知，酒精并不能解决根本问题，反而会平添烦恼。

当然，当抑郁严重影响到生活和工作时，要及时去寻求专业人士的帮助。记住，心理疾病，如抑郁、焦虑，就像是病毒性感冒一样，需要药物来进行针对性的杀毒才能获得真

正的康复。在药物治疗的同时，心理疗法（如认知行为疗
法），能帮助我们改善心境，更好地应对情绪问题。

　　"莲花生长于污泥之中，却是最美丽的花朵，花瓣一片接
一片地展开。为了得到成长，获得智慧，首先你必须要有你
自己的泥潭——生活的阻碍以及它施加于你的痛苦。"

——戈尔迪·霍恩（Goldie Hawn）

情绪观察记录

05

**如何增强对负面
情绪的免疫力**

锻炼，大脑的保护伞

"只有运动才能支撑我们的灵魂，让我们的大脑时刻充满活力。"

——马库斯·图留斯·西塞罗

有无数的答案可以解释为什么锻炼对身体健康有着极大的好处 —— 它帮助我们拥有一个强健的心脏，增强关节与骨骼的韧性。但是，你知道锻炼还对心理健康同样有益吗？

目前大量的研究以及各大专业健康机构都建议，一个成年人每周需要锻炼75~150分钟，这种锻炼可以是轻、中强度的运动，比如散步、登山或是骑车，也可以是更激烈的活动，比如跑步、游泳、攀岩等。

锻炼如何提高我们的身心健康?

锻炼对于我们的身心有着极大的益处,仅仅10分钟的散步,也能使我们的大脑更为敏锐,并且拥有更多的积极情绪。数不胜数的研究证实,合理规律的锻炼,能减少焦虑以及抑郁情绪的产生。甚至有研究发现,有时候锻炼带来的降低抑郁的效果,甚至比药物更好。

在上百万年的人类历史中,我们进化出了"抗争或者逃跑(fight-or-flight)"的模式来应对危险世界中出现的压力,而随着时代的改变,压力也渐渐从生命威胁,转变成了心理负担。当接受新的工作、学习任务时,远古的逃跑模式失去了作用,但是大脑却并没有意识到压力与负面情绪,它仍然在呼喊"斗争"或是"快跑"。我们的理智停止了大脑的过激行为,但这就像是给开足马力的汽车拉上手刹,往往令人身心俱疲。这时,锻炼就成了这个矛盾之间的润滑油,使我们能从"抗争与逃跑"模式中解脱出来。

当遇到压力,产生负面情绪时,我们的身体会释放不少"负面"荷尔蒙、皮质醇,或者肾上腺激素会升高,这时便会出现应激反应,比如心慌、烦躁、疲惫等。锻炼时,我们身体也会分泌类似的荷尔蒙，有规律的锻炼，能让我们身体中的压力系统学会如何在这些捣蛋的荷尔蒙出现时来应对。当我们被压力等负面情绪所笼罩时，即使是短时间的锻炼，比如跑跳10分钟，也能极大地减轻身体里的压力水平。

2013年，普林斯顿大学的心理学家们就发现当实验小白鼠有规律地运动时，相较于它们长期不动的"同僚"白鼠，这些运动白鼠们大脑里的情绪控制系统得到了增强，并且会分泌对平复情绪极有帮助的GABA（γ-氨基丁酸），这体现出了锻炼对于控制情绪的重要作用。

锻炼影响情绪

直至今日，运动对于身心健康带来的增益已经被学术界普遍认可。比如在2005年，心理学家们招募了一群被试者，让他们进行一段时间的运动（比如做家务、散步等），抑或是静止活动（如看书、看电视等），并且要求他们在活动结束后立即对自己的情绪进行打分。结果发现，相较于静止活动，运动能带来更好的精神状态，使人的心境更为平和与舒适，并且对于提高情绪有着更明显的效果。

当负面情绪袭来，身体感受到威胁以致影响到内在平衡时，我们的自我防御机制就开启了压力应激程序，在生理上感受到不适，从而导致行为产生变化。其中最为明显的症状就是睡眠不好、食欲不振。肾上腺激素、去甲肾上腺素，使我们的血压升高，心率加快，身体变得更易出汗。看似不必要，但这是为了在危险来临时我们为了生存而深深印刻在基因里的本能。另一方面，它们也可以降低我们的血流速度，减缓消化系统的运作，在这时皮质醇会将糖分和脂肪注入我们的应激系统中，来增强我们"抗争或是逃跑"时的行动力。这也是为什么有时候在长期压力下，有的人会因为睡眠食欲问题日渐消瘦，而另一些人却会发福。

在心理学中，自尊是衡量心理健康和抗压能力的一个重要指标，它意味着我们如何看待自己以及如何衡量自身的价值。无论老幼，长期进行有规律的锻炼，不仅能缓解压力与焦虑，还能增强我们的自信，从而为大脑加上一层保护罩，间接地避免被负面情绪或是心理疾病侵袭。

随着年龄的增长，很多时候，我们都会觉得大脑没有年轻时那么灵敏了，尤其是记忆力的下降最为明显。而锻炼，就被认为是一个大脑认知功能的保护伞，能减缓我们认知能力（比如记忆、理解、逻辑能力等）的下降，能将我们患上抑郁或是老年痴呆的概率降低20% - 30%。

奖励大脑最好的方式就是做运动。旧的观点认为，在我们出生后脑中神经元总数就不变了，因而随着年龄的增长，神经元的死亡导致了大脑认知能力的下降。后来，神经学家们发现某些特定区域每天都会有新的神经元产生，海马体就是这些特定区域之一，我们在前文提到过，它对学习新事物以及记忆至关重要。科学家们发现实验小白鼠在学习时会调用新的神经元，这些新的神经元能帮助新事物的学习，新的学习经历能帮助它们存活下来。如果长期不动脑，这些神经元也就会报废。有趣的是，做运动也可以帮助新神经元存活，增大海马体的体积。所以想学习更上一层楼，持续锻炼比市场上的任何药物都更有效。

在临床心理治疗中，锻炼也常常被临床心理医生们作为药物与心理咨询的辅助治疗方案来推荐给患者。总的来说，锻炼没有药物的副作用，没有去医院的困扰，并且花费极少，可谓是百利而无一害。在被负面情绪轻度困扰时，锻炼往往是最好的选择。

应该用什么频率锻炼好呢?

大部分研究都给出了一个简要指南,大约每周两个半小时的运动量最为合适,即每星期3~5天,每次30~60分钟的锻炼,最能帮助我们产生积极情绪。然而按照这个标准,大部分人都无法达到所需的锻炼量,以英国为例,在2015年的全国性调查中发现,只有约65%的男性以及54%的女性达到了建议的运动标准。

万事开头难,从何开始呢?

将渴望提高自己身心健康的目的放在一边,除此之外,还有什么原因促使我们从舒适的房间里走出去,进行锻炼呢?

试问,你更喜欢室内还是室外活动?个人还是集体活动?或者是一项全新的运动?如果体育类运动实在不是你想要的,那么请记住,即便是走路、做家务、园艺等也是一种锻炼方式。此外,结个伴也是不错的选择,因为锻炼伊始,自己很容易就会放弃,而伙伴的存在会起到督促的作用,在锻炼过程中帮助我们提升目标,获得进步。

　　大部分的人都有自己的舒适区，当几十年的生活成为习惯后，突然每天抽出1个小时去健身房让自己的身体接受"鞭笞"，显然是非常困难的。我们会感到焦虑，害怕受伤，害怕失败，即使是天气也能成为我们不去锻炼的借口。

　　而在一众干扰原因中，最为突出的就是对自己体型的不自信。我们会对自己的体型感到焦虑，担心自己去了健身房会成为其他人的笑柄，这也是为什么结伴能极大提高我们效率的原因，伙伴的鼓励是我们迈出第一步的重要因素，即使是在陌生的环境下，伙伴也能帮助我们缓解焦虑感。对于女性来说，参加女性专属的团体锻炼项目也能减少对自己身材的焦虑感。

　　最终，当我们习惯了有规律的锻炼，就像是每天需要刷牙、洗澡一样，当某天我们因故没去，身体反而会觉得不适，仿佛没洗漱就出门一般。

食物与情绪的联系

　　想象一下，我们的大脑无时无刻都处在"开机"状态，监控着我们的思绪与行为、呼吸与心跳，它决定着我们对世界的感知，即使睡觉时也在勤勤恳恳地工作。这意味着大脑需要持续不断的能量补给，而这些能量，自然就来自我们每天摄取的食物。我们习以为常的食谱，也会直接影响这个"发动机"，最终，影响我们的情绪。

　　就像是昂贵的轿车发动机一样，只有在优质"机油"的供能下，大脑才能达到最大的功率。正如我们所知道的，富含维生素、矿物质、抗氧化成分的食物，才能让我们身心健康，防止被身体氧化过程中代谢的"废物"所侵害。

　　同样，当大脑摄入劣质的"机油"，它就会受到损害，比如影响身体对于胰岛素的调节，而胰岛素，则是控制血糖平衡的关键激素。现代社会，充斥着过度加工的食物，像各种速食食品，比如饼干、面包，其中还充斥着各种食品工业中的"抗生素"，即各种添加剂与防腐剂，如乳化剂、人工甜味剂、色素等。当我们充满享受地将这些食物填进肚子里后，压力信号就会由肠胃通过迷走神经以及肠道至大脑间的通路，向大脑进行"抗议"，在我们意识不到的情况下引发情绪问题。

无数的研究也已证明，摄入这类高糖的加工食物，会损害大脑的认知功能，加剧情绪问题，比如抑郁、焦虑等。2011年，美国科学家们花了4年时间跟踪调查了255名被试者，发现那些饮食中缺乏必要营养，而且食谱不健康的人，海马体出现了萎缩。

当我们坐在快餐店以暂时积极的快乐情绪享受着碳酸饮料和炸鸡时，我们的身体与大脑实际上却是在以负面情绪消化吸收这些垃圾食品。

食物如何影响情绪

血清素，是一个非常重要的神经递质，它在我们身体调节睡眠、食欲、情绪等过程中起着至关重要的作用。血清素从哪儿来？95%的血清素源于我们的胃肠系统，这个系统与无数的神经细胞联结，因此，我们消化系统的任务并不仅仅是帮身体加工每天摄入的食物那么简单，它还会调节我们的情绪。

我们经常在广告中听到各种与肠道菌群相关的宣传，即使产品可能名不副实，但是肠道菌群的作用，却是实打实的。肠道菌群与我们的免疫系统紧密联系在一起，优质的食物能哺育亿万数量级的"好"细菌，教育以及训练我们的免疫系统，生成调节性T细胞，建成我们免疫系统的屏障，防止被毒素或是"坏"细菌趁虚而入，加强我们对于食物营养成分的吸收，还直接激活我们大脑与肠道间的神经通路，告诉大脑我们应该产生的情绪。

有研究发现，那些长期摄入益生菌的人群，焦虑、压力水平、精神健康状态都比不摄入益生菌的人群要好。地中海饮食，或者是日式饮食，是世界食谱中最为健康的，因为这些食谱中，有着充足的鱼类以及蔬果，这就使得这类人群的抑郁概率要低25% - 35%。除此之外，对于抑郁症患者，这种健康食谱，还能起到预防抑郁复发的作用。

什么食物是大脑补品？

一提到食补与大脑，作为中国人，我们第一反应就会想到核桃。接下来，我们来看看科学家们研究出来的结果与我们想象的有什么不同。

有科学家专门针对这个课题，分析了超过160篇关于食物对大脑影响的研究报告，总结了到底什么类型或者包含什么营养的食物对我们的大脑最有益。

比较典型的有益营养素有omega-3脂肪酸、维生素B、维生素D、锌等。由于各种文章或者健康养生节目的宣传，omega-3脂肪酸最为我们所熟知。它能调节神经递质（比如去甲肾上腺素、血清素、多巴胺）的再摄取过程，促进神经受体的联结，还有抗炎、增强细胞膜流质、帮助脑源性神经营养因子生成等功能。大量的临床研究证明，omega-3脂肪酸，对于心理疾病的治疗与预防有着积极的作用。

三文鱼、坚果和猕猴桃，就由于含有很多的omega-3脂肪酸，因此成了食物大家族中的佼佼者，我们常说的多吃核桃补脑是有一定道理的。欧洲的一项大型研究还发现，坚果这种高营养价值的食物，除了能保护大脑免受负面情绪困扰，还有着预防二型糖尿病的作用。很多生活在沿海地区的长辈教导小孩多吃鱼变聪明，也是有理论依据的。

很多对照研究还发现，食谱中包含较多omega-3脂肪酸的小孩子，在学校的表现也更好。比如，澳大利亚的科学家招募了396个6 - 12岁的学生，给他们提供包含omega-3脂肪酸以及其他微量元素和维生素（比如铁、维生素等）的功能饮料，然后在6个月和12个月的阶段对他们进行语言能力、记忆力的测试。结果显示，这些得到营养饮料的学生的成绩要比没喝营养饮料的学生更好。同理，对于青少年来说，不健康的饮食，尤其是各种糖类以及高热高油的快餐，会损害身体以及心理健康。

在大众心中，维生素B往往与视力息息相关，其实它还有另一个重要的身份，即它是使神经元发挥功能的必要元素。很多研究都发现，在抑郁症患者中，对于抗抑郁药物反应不良的人群，往往都有缺乏维生素B9的症状。而维生素D，则是一种神经类固醇，缺乏维生素D会增加抑郁以及精神疾病的风险。

蔬果也是大脑需要的重要补品之一，因为它们能提供优质的天然食物纤维以及各种营养素。当我们的身体对蔬果大快朵颐时，身体里亿万的"员工们"开心工作，生成很多极具价值的元素，比如短链脂肪酸，它能自由穿梭于大脑与血管之间，还能在身体各种通路中传递信息，告诉大脑实时的身体状况与需求。每天摄入适量的蔬果，就像是用食物纤维来维护或升级身体里的网络带宽一样。

　　那么，我们就会想，既然如此，每天吃一些保健品胶囊是不是就省时省力了？其实不然，从食物中直接摄取是最有效的，而且保健品行业鱼龙混杂，大部分产品不能保证其质量和安全，因此，往往只能起到一个安慰剂的作用。其次，包含这些营养的食物都清淡、不油腻，不会影响食欲的食物，很容易在日常生活中摄取。由此可见，我们便更没有理由抛弃天然食物，去选择加工过的药丸来获得营养了。

　　鱼类是名副其实的大脑贡品，而在水果中，蓝莓的营养成分和超强的抗氧化特性对大脑也有极大的助益。有研究发现，那些食谱中包含蓝莓的年老的老鼠，它们的学习和肌肉功能几乎与年轻的老鼠相同。

　　从今天起，开始关注自己每天摄入的食物吧！因为这不仅仅是你生理活动的能源，还影响着你的思维以及情绪。试一试将加工、高糖高热的食物从每日的菜单中剔除，给肠道系统及大脑"减减负"，坚持2－4个星期，看看自己的情绪会不会发生什么变化。

5个提高身体健康的饮食小技巧

• 每次出去吃饭时，试试新菜品，这能使我们的食谱多样化，吸收更多不同的养分。

• 采购时，试着多买新的食材，比如经常尝试以前没吃过的蔬果。

• 每天不要吃得过多，留出12小时的无食物窗口，比如晚上6点吃饭，那么至明早6点前的这12个小时中，不要再进食。研究证明，这种方式，甚至是间歇性断食，对身体的健康更有益。最近在顶级杂志《新英格兰医学期刊》上就发表了一篇相关的研究，指出在6小时窗口内进食，然后禁食18小时的话，能加强人体新陈代谢功能，增强对负面情绪的抵抗力以及降低肥胖、癌症的患病概率，延长寿命。当然，这个领域的研究仍待考证，适合自己的饮食习惯才是最好的。

• 尽量少吃零食，因为每隔一段时间就进食，代表着我们肠道里的小员工们时刻都得进行工作，得不到休息。

• 避免加工食品以及甜食。因为它们是肠道菌群的毒药。

睡眠不足=大脑宕机

　　与饮食一样，睡眠与我们的心理健康有着密切的关系。缺乏睡眠不仅会严重影响我们日常的状态，还会引起情绪上的波动，比如抑郁、焦虑，这也是为什么心理疾病患者（尤其是抑郁症患者）通常都有睡眠问题的原因。睡眠问题不仅是心理疾病的症状之一，而且越来越多的研究指出，睡眠问题还是我们发展出心理疾病的重要原因，且还与肥胖、心血管问题息息相关。

　　由于电子产品以及网络的发展进步，晚睡逐渐成了现代人习以为常的习惯，卧室中充满着影响睡眠的干扰源，比如手机往往是失眠的最大帮凶。同时，当遇到非常繁重的作业或者工作任务的时候，如果时间来不及，我们唯一的选择就是熬夜。但是除去一小部分特例，大多数情况下，我们熬夜

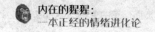

的效率都异常低下，不仅容易导致第二天精神不振，而且熬夜做出来的成果往往也不尽如人意。

睡眠如何影响大脑认知

一群德国的科学家为之前的睡眠重要性理论提供了一个非常典型的例子，他们发现在小白鼠睡觉的时候，它们海马体里一些特定的细胞仍然在激活。但是这些神经元细胞并不像我们之前提到的那样普通地激活，相反的，它们产生的电信号在睡眠过程中以相反的路径进行传输，就像是汽车在路上逆行一般。

我们都知道，海马体与我们的记忆息息相关，所以联系之前提到的睡眠能影响记忆力的理论，我们不难发现，即使在睡觉的时候，我们大脑仍然在紧锣密鼓地运作，神经元与神经元之间仍然在相互传输信息，慢慢地就会形成我们说的"高速通道"。那么为什么睡觉的时候细胞的信号是反向传输的呢？因为反向传输的方式能让这个神经元对它周围的敏感度降低，就不容易被周围神经元的信号影响，这样就给了神经元一个充电休息的机会，就像是我们在嘈杂环境里睡觉喜欢用眼罩、耳塞来阻隔外面的干扰一样。

另外，最容易在睡眠中产生反向传输信息的神经元，通常都是那些刚学到新知识的神经元。第二天，当这些神经元被刺激时，它们激活的程度远超于之前，信息传输效率也更高。就像是一条潜在的路，平时我们用步行踩踏，路会慢慢生成，而对于这些与新知识相联系的神经元路径来说，第二天的刺激就像是我们用车替代步行一样。哪条路形成的速度更快就显而易见了。

我们用逻辑联系一下的话，不难发现，这不仅说明了睡眠的重要性，还说明了复习的重要性和合理性。所以老师常常让我们多复习，是有理论依据的。养成习惯的话往往会形成事半功倍的效果，这也是那些学习软件、网站都带有复习功能的原因之一。

神经胶质细胞还有一个非常重要的作用，就是清除我们大脑里的"残片"，消化部分已死亡神经元，这就跟我们的睡眠息息相关了。绝对的清醒会让我们的大脑产生有毒的物质，大脑如何除掉这些有毒物质呢？原来，当人们在睡觉的时候，大脑细胞会收缩，从而增加脑内细胞之间的距离，这就像疏通了一条溪流，液体会在细胞空隙间流过，冲走有毒的物质。所以，睡觉这件事有时候看起来像是浪费时间，实际上是大脑保持清洁和健康的一种方式。就像我们以前使用旧电脑需要清理磁盘碎片，关机重启一样，否则就会越来越卡顿，越来越迟缓。

在睡眠不足的情况下进行日常学习与工作，意味着我们的大脑一直处于工作状态，以致越来越多的代谢毒素残留在大脑之中，而这些有毒物质会让大脑的思维混乱，仿佛尝试驾驶一辆油缸里混着沙砾的汽车，即使强行能开动，对自身的损伤也是极其巨大的。

睡眠缺乏如何影响我们的情绪？

每隔90分钟，我们的睡眠节律会在两个主要睡眠类别中进行切换，在"静态"睡眠过程中，我们会经历4个过程达到深度睡眠：体温降低、肌肉放松、心跳以及呼吸放缓；到了深度睡眠阶段，我们的身体开始出现生理变化（修复发育），以增强免疫系统的功能。

而在快速眼动睡眠阶段，即做梦的阶段，我们的生理水平，如体温、血压、心跳、呼吸都会发生变化，然后渐渐恢复到我们清醒时候的标准。而这个阶段，是我们学习以及记忆的关键阶段，此时，大脑以一种复杂的方式影响着我们的情绪健康。

当经历了一个缺觉的夜晚时，是否会感觉生理和心理上都很不适呢？因为当没有满足身体休息的睡眠需求时，我们的大脑会用不同的方式进行反抗。

用通俗的比喻来说，睡眠缺失造成的不良后果堪比醉酒，将改变我们对空间的认知以及大脑的反应速度。研究还发现睡眠质量差的人，更容易出现逃避社交的倾向，同时也更容易出现被他人忽视或避开的情况。

那么，我们在每天接收各种各样的情感信息并对其做出反应时，会不会也受到缺乏睡眠的影响呢？答案是肯定的，因为缺乏优质睡眠，会直接影响到我们身体里的神经递质以及压力荷尔蒙水平，就像是大脑里的监狱由于高负荷运作疏于看守，导致暴乱分子逃出，破坏我们的思考以及情绪控制能力。

瑞典著名的卡洛琳斯卡学院的心理学家们就进行了一系

列研究来回答这个问题，并且发表在了顶级期刊《自然》上。简单来说，缺觉会让我们变得更为负面，影响我们看待事物以及与他人交往的方式，从而使我们更容易接收那些负面的情绪信息。与此同时，缺觉会让人更易情绪不佳，并且更难调节控制自己的情绪，扰乱我们的共情能力。

有趣的是，由于我们经常因为工作导致缺觉而选择在周末补觉，但是研究发现，这种补觉并不能对抗之前睡眠缺乏所导致的负面影响。

获得更好的睡眠

1.生活方式的改变

很多人都认为咖啡因以及茶会造成失眠，但事实上，酒精以及尼古丁也是如此。虽然酒精在最初阶段会抑制我们的神经系统，起到助眠的效果，但是往往在几小时内就会失效，导致我们苏醒，从而带来低质量的睡眠。尼古丁则更为明显，因为它是一种刺激性物质，能加速心跳以及思维运转。因此，避免这些物质的摄入是非常重要的，如果可以，彻底戒除自然是最佳选择。

2.生理锻炼

如前文所提到的那样，合理规律的锻炼，能有效帮助我们更快入眠，并且获得更多的深度睡眠，在睡眠过程中更少苏醒，从而保证我们的睡眠质量。每天至少花20分钟在室外感受日光，即使天气阴沉，我们的身体在室外所获得的光照仍然远大于室内。这种自然光照，便会成为我们大脑内掌控生物钟的部门——视交叉上核的养分，使得我们拥有更为健康的规律作息。2014年的一篇研究发现，那些每天接收更多日照的人，拥有更良好的身体质量指数。在2016年，科学家们进行了一个有趣的观察性研究，研究者跟踪了超过30000名女性，结果发现那些吸烟同时还接收大量日照的女性，死亡率与那些不吸烟，但却很少接收光照的女性相似。可见日照对身心健康的重要性。

3.睡眠卫生习惯

良好的睡眠卫生习惯，指保持着良好的睡眠规律，按时入睡，按时起床，卧室尽量保持单一功能（如睡眠、夫妻生活等），减少干扰源（如电脑、电视等），保持卧室的舒适以及昏暗，因为昏暗代表着自然告诉我们的大脑"天黑了，该睡觉了"。即使我们意识不到，但其实每个人都有着极其规律并且复杂运行着的生物钟，不仅睡眠如此，我们的肝、血压，各种激素如胰岛素、褪黑素、瘦素的生成，都有着自己的规律，这些所有的元素，构成了一个和谐平衡的身心环境。

天黑时，身体便会产生褪黑素来促进睡眠，而这时手机屏幕的亮起，往往使得大脑以及身体为了我们入睡所做的努力前功尽弃，视交叉上核就会非常生气，从而像"蝴蝶效应"一样，影响我们之后的作息规律以及日常行为。而近年越来越多的研究发现，手机等电子产品所释放出的蓝光，与人们的睡眠以及情绪问题有着显著的联系。

午睡也是一个良好的习惯，美国国家航空航天局（NASA）就发现，宇航员在午睡之后，大脑的认知水平出现了极大的提升（80%以上），还有研究发现午睡还会使我们更为快乐。

"现在我发现了做一个优秀的人的奥秘，是在空气清晰的环境下成长、饮食，与大自然同眠。"

——沃尔特·惠特曼

情绪观察记录

_____

_____

_____

_____

_____

_____

_____

_____

_____

_____

_____

_____

重塑思维方式，实现情绪自由

没有任何一颗脑袋带有与生俱来的情绪电路

通常情况下，我们都会觉得情绪是天生的，或是由外面的世界"输入"大脑里的，大脑里天生就建有情绪电路。事实并非如此，地球上没有任何一颗脑袋里含有情绪电路。那么情绪到底是什么呢？

简单来说，情绪是我们的大脑根据即时的情境建立出的猜测，这一切都归功于大脑中几十亿个细胞的合作运行。预测是大脑协助我们接受世界信息，并赋予其意义的有效方式。大脑根据过去的经验来推断他人的情绪，就像是我们阅读纸上的文字一样。比如我们知道哭泣代表伤心，皱眉意味着不满，那么当现实中看到这类表情时，我们往往能提前预测到对方的情绪以及之后可能发生的事件走向。

在我们出生时，自带着一些感受，比如兴奋、难受、激动、平静、疼痛等，在我们人生中清醒着的每一刻，这些感受都与我们同在，但这些并不能真正称之为情绪，它们仅仅像是一个气压计，将我们身体内所发生的情况表达出来而已，并没有什么细节信息。

那么，大脑如何获得精密的细节信息呢？这时就需要预测了。预测将我们身体所感受的体验，与身边环境所发生的事情联系在一起，因此我们才知道该怎么做，而这种结合的信息，才是真正的情绪。回想一下，是不是童年时所感受的情绪更为单纯，更无忧无虑？原因就在于那个时期，我们并没有足够的经验建立起足够复杂的情绪网络。

当我们回家，闻到鸡汤的香味，这时大脑就会给胃发送信号，使我们的胃开始蠕动，准备大快朵颐。如果预测正确，那么很幸运，提前预备好的饥饿感以及唾液，能让我们更加有效地消化吸收美食。但是蠕动的胃，在另一个场景中却会有着不同的意义，当我们即将开始非常重要的演讲，或是在医院等待着诊断结果时，大脑便会产生焦虑感。胃搅动的感受是相同的，但是经历却是完全不同的。这就说明，情绪是由我们大脑结合过往的经验所生成的。

大脑会选择性地筛选我们接收的情绪

为什么会有人反对疫苗？为什么有那么多一眼就能看穿的谣言会如此盛行？为什么即使是高学历的人也会做出特别愚蠢的决定？为什么那些受过科学教育的人，仍会有迷信行为？

诺奖得主 Daniel Kahnemann 在畅销书《思考，快与慢》中就提到过，很多人之所以迷信，仅是因为懒得去思考而已。相信迷信远比思考其他可能性要简单得多。

另外，我们的大脑本质上一直都在寻求快乐，而相信一些不合理的偶然或是迷信，显然就在一定程度上满足了我们的这种需求。相反，理性思考就显得冰冷乏味得多，比如，相信海市蜃楼是神迹显然比思考其光学成因有趣得多。谁的大脑愿意消耗脑细胞在这些"无关紧要"的问题上呢？这种偏信还能增加我们的掌控感，比如考试时穿红色裤衩能考神附体，那这种毫无成本的行为，显然能极大地增强我们的信心。

在 1979 年，心理学家们招募了一群被试者，给他们看一段虚构人物——简一周的生活故事。在这一周里，简在某些时候是一个外向的人，而有时候又是一个内向害羞的人。在看完这个故事的几天后，这些被试者们重新被邀请回实验室，这时，研究者们将他们分成了两组，询问他们简是否适合做某种特定的工作。

第一组被试者被询问简是否适合做一个图书管理员，而另一组则被询问简是否能成为一个优秀的房产经纪人。结果发现，第一组的人在得到问题后，回忆起的是简内向的个性和行为，而第二组被试者回想起来的却是简外向的性格。

在这个问题后，这两组被试者又被询问简是否可以胜任其他的工作。然而，它们都"卡"在了最初对简的印象中（内向抑或是外向），全部都认为不会有其他工作适合简的性格。

这个简单的实验就很直观地说明，我们大脑很容易被误导，陷入死胡同，从而更愿意相信那些让自己轻松，让自己情绪愉快的内容。而那些需要花时间去理解，消耗脑细胞的问题，往往会给我们带来负面的感受，自然容易被忽视。因为不管有意识还是无意识，至少在我们做决定的最初阶段，很多时候，大脑都会本能地将不符合或不支持我们自己观点的信息筛选排除。

这也是为什么我们经常会觉得算命、星象、塔罗牌特别准的缘故。在日常生活中，也会出现由于长期对照片美颜，导致对自己真实形象出现偏差的例子，因为我们的大脑也会花更多的时间（约36%）去阅读与认可那些符合自己价值观的内容。

充满阿Q精神的大脑

我们每个人都有一些自己想要改变的毛病，比如拖沓、吸烟、好甜食等。假设你想要控制体重和健康，停止对垃圾食品的渴望，那么你会对自己说什么呢？

显然，大部分人会说："别吃了，肥猪。"

在这个过程中发生了什么呢？我们在试着通过恐吓来改变自己的行为，这并不仅仅局限于我们自身，这种警告或是威胁的方式，在公众卫生项目中也很常见，诸如"吸烟有害健康""喝酒伤肝"等。

因为我们坚信，只有当人遇到威胁时，才会开始行动，正所谓"不见棺材不落泪"。这种思路看上去非常合理，然而科学研究却发现，这类警告并不能给人们的行为带来质变，比如，即使烟盒上印上了各种肺癌的可怖图片，也没能阻止烟民们购买香烟。甚至有研究发现，当烟盒上开始印上这些照片时，戒烟在烟民心中反而成了一种低优先级的选项。

这时候问题就出现了，为什么我们会对这些触目惊心的警告产生免疫呢？回想一下我们之前提过的"抗争或是逃跑"就明白了，设想有一只小狗在对你狂吠，当你做出拿棍子去教训它的姿态时，它是逃跑还是跟你撕咬呢？显然，大部分狗都会选择逃跑。

人类也是如此，当我们被什么事物吓到时，大脑通常会出现宕机状态，然后试图驱除这些危险信号带来的负面情绪。很自然地，大脑会试图将这些信息合理化，比如"我现在身体很好，我的肺不会吸成香烟包装盒上的警示图那样，这些图片都过于夸张了！"或者是"xxx就抽烟喝酒，人家活了100岁！"这个合理化的思维过程，便让我们面对警示时不经意地变成鸵鸟，将自己的脑袋埋在地底。

股票市场亦如是，一个发表于2009年的有趣的研究发现，当股市上扬时，人们无时无刻不在登录着自己的股票账户，因为这些上涨的积极信息让我们大脑快乐；而当熊市来临，人们便不愿意再登录自己的账户，谁愿意每天去看自己又亏损了多少钱呢？这种"鸵鸟行为"带来的后果就是我们无法预测未来将到来的"灾祸"，当2008年金融危机爆发的时候，人们再开始重新登录自己的账户，却为时已晚。

归根结底，我们的大脑会像一个筛子一样，选择性地回想起符合最近所获得信息的内容，而忽视与这个信念相悖的内容。我们经常会在自己的头脑中设定一个假设，然后通过各式各样的方式去证明自己这个假设是正确的，而忽视了其他的因素，当我们的这个假设在某些情况下被验证是正确的，我们就停止了寻找最终答案的脚步。

■ 如果顺着大脑的意愿来会发生什么呢

现在我们已经知道，警告是收效甚微的举动，那么如果顺着大脑的意愿来，而不是像个长辈一样时刻告诉它"不行"，会有什么收获呢？

我们都知道，洗手能最大限度地避免疾病传播，在美国的一家医院，就安装了一个监控摄像头，去观察医护人员在进入以及离开病房时对自己双手进行消毒的频率。有趣的是，即使这些医护人员知道有一个监控在观察他们，也只有10%的人会在进入病房前以及离开病房后清洁双手。

之后，医院增加了一个措施，就是安装了一块电子屏幕，告诉医护人员他们洗手的频率如何。这样一来，每当一个医护人员进行洗手时，他们所在班次的"洗手成绩"就会上升，屏幕上会显示当前轮班医疗组的数据以及整周的医护人员洗手数据。结果医护人员的洗手自觉性暴增至90%，一个简简单单的小改变，就带来了如此巨大的数据差异。

三个小方法，改变大脑思维方式

第一个方法是社会激励。医护人员可以看到其他人的行为以及评分，而人类作为社会性动物，自然本能地会想要与他人达到同样优秀的标准。英国政府也利用了这种方式来让国民准时纳税。在原来的纳税信中，往往写着纳税如何重要，显然，这些在人们眼里是"废话"，在新版本中，政府仅仅加了一句话——10个英国人里有9个人准时纳税，便使人们纳税的自觉性提高了15%，为政府带来了56亿英镑的额外收入。因此，突出他人的行为是非常具有激励性的。

第二个方法是即时的奖励。大脑有时候很好哄，每当医护人员洗一次手，就会在显示屏上看到指数的上升，这就是洗手给大脑带来的心理奖励。我们会通过当前的奖励推测出未来自己能得到更多的奖赏，不知不觉中也提高了自己的健康防护。有研究发现，给予即时的奖赏，能让烟民们的戒烟过程更为容易。当然，不仅是戒烟与奖赏相联系，运动也是如此。长此以往，这将成为一个习惯，一种生活方式。

最后一个方法就是时刻追踪自己的进展，像为自己的大脑安装上一个电子检测屏幕一样，实时地汇报自己的进步。无数的研究都发现，大脑对于积极的情绪信息有着非同一般的处理能力，而在处理负面情绪时效率却不尽如人意。这就与之前的内容联系起来了，比如，我们想要劝一个人戒烟，可以试着说，"你知道吗，如果你试着少抽烟，那么你会在你喜爱的足球比赛中发挥得更好！"而不是"吸烟会致癌你怎么还在吸？"我们要学会引起积极而不是负面的情绪。

当我们想要改变自己的情绪或者行为时，可以尝试这几个方式，因为大脑无时无刻不想要拥有对外界的掌控权，因此，当我们"欺骗"自己的大脑，给予其想要的掌控权时，渐渐地，我们的情绪以及行为也会发生变化。

走出思维误区

如果把我们的思维信念想象成一张桌子，而相关的证据与经验则是支撑这张桌子的桌腿。那么当移除桌腿后，其支撑的信念自然也会像桌子一样散架。所以，当我们被负面情绪所困扰，如"今天同事们没跟我坐一桌吃饭，是不是在排挤我"，通过质疑这个想法——"他们提早下班了，当然会坐一起，而且没有多余的位置给晚到的我"，很容易就能把未成形的负面想法击碎。如果我们能粉碎负面信念，击退负面情绪，那么自然也能用相同的方式寻找证据来创造积极的信念与情绪。

以最常见的学习为例，很多人都觉得自己学不好数学或是英语，是因为没这个天赋，比如家里人就没有数学好的，是基因的问题，这就埋下了第一颗种子。在上学时，某次数学课上在全班面前答题，由于一无所知感到丢脸，这时这颗种子就开始发芽。此后经常在数学考试中获得低分，那么这棵"数学不好"的信念树，自此深深扎根于内心。

事实上，是这种负面信念以及情绪，导致了数学成绩变差，而不是成绩不佳引发了这些情绪。因为每次在数学考试之前，我们都在潜意识里告诉大脑，"这次我肯定又会考砸"，这就引发了压力以及焦虑，使我们进入了"死猪不怕开水烫"的行为模式，不再努力复习，因为内心觉得这些都是无用功，而这又进一步证明了我们的数学能力不行，这个现象也称为"自我实现预言"。久而久之，我们还会开始避免那些曾经让我们感到快乐的活动，因为这些活动包含着数学。这颗小小的负面信念的种子，能彻底改变我们的人生轨迹。可能有科学家的雄心，但却因为数学望而却步；也许想要自行创业，又因为担心自己无法应对金融计算而半途而废。当我们被这些负面信念和情绪所困扰时，我们的潜力也极大地被禁锢起来了。

这种思维方式，被斯坦福大学的著名心理学家卡罗尔·德威克称为"固化思维"，即自己的成功与否，是由自己的天生能力所决定的，是固化不变的，在这种思维方式下，失败往往就意味着负面情绪与放弃。那么相应的，与这种思维方式相对的就叫作"成长性思维"。

用卡罗尔自己做的一个简单实验就能很好地解释其原理。她找了一群小孩子作为实验对象，之后给了他们四道难题，其中三个是无解的。研究者们让这些处于极度沮丧下的孩子休息一下，再告诉他们可以再试一次。这时出现了一个有意思的现象：那些相信解题成功与否在于自己努力程度（成长性思维）的孩子，没有放弃，继续尝试攻克其他的难题；而

那些觉得自己能力确实如此（固化思维）的孩子，却只会去选择那个自己已经成功解决的问题，而不再尝试其他的难题。

2019年，在顶级期刊《自然》上发表的文章就提出，失败的确是成功之母，因为失败会带来更多的经验，这样一来才能东山再起。如果经历一次失败就因为负面情绪而放弃的话，很可能就与成功失之交臂了，从而与未来可能真正属于自己的积极情绪愈行愈远。当我们相信努力才是通向成功的钥匙时，路途上所出现的失败及其带来的负面情绪便成为一种挑战；但如果我们认为自己天生的能力才是关键，那么当遇到挫折时，失败的负面情绪会将我们压垮，从而放弃努力。

把握当下，学会延迟满足

延迟满足也是我们应对负面情绪的一个重要方法，前文提到的"棉花糖实验"就验证了这一点。在小时候懂得利用小技巧分散自己想吃棉花糖的欲望，在长大后同样可以将这些方法利用到生活中的其他事物中去。每个人都渴望即时的成功，而不愿意等待，面对失败却恰恰相反，就如同"捡了芝麻丢了西瓜"的典故一样，这也是为什么我们需要改变思维方式，用更宏观的角度看问题的原因。

这种现象在我们的学习工作过程中最为常见，因为过于漫长的学习曲线以及高频率的挫折，会使我们将努力学习的过程看成是一种烦恼或者无意义的努力，进而引发负面情绪。

然而，我们需要注重的是过程而不是结果。当我们想要某个东西时，往往会选择克制自己的欲望，慢慢存钱，在获得的时候才会特别快乐。然而，信用卡的出现则让我们不用花费任何代价就能得到想要的东西，在月末账单到来的时候，反而会因为这个梦寐以求的东西带来的结果而感到苦恼，毫无幸福感可言。

我们学习的过程往往枯燥无味且充斥着失败，需要等待很久才能获得成功，如迈克尔·乔丹所说："在我的职业生涯中，超过9000次投球失败，输了近300场比赛。因为队友的信任，我有26次去投致胜一球，但失败了，在我的一生中失败总是一个接一个……我接受失败，但拒绝放弃，这就是我为什么会取得成功的原因。"

很多时候，负面情绪是由于我们自己对于未来失败的预

期而制造出来的，深吸一口气，与情绪为伴而不是进行对抗，
对自己负责，接受失败的存在，才能不被情绪所控制，拥有
更加弹性，更强大的健康情绪。

所有情绪都有自己的位置

负面情绪是友好的信使

"情绪是一个美好的仆从，但却又是一个糟糕的主人。"

—— 达拉斯·维拉德

就像整本书所想要表达的那样，我们有无数的选择和方法去控制情绪，但最容易操作的一个方式，就是与情绪为友，不放任自流，不因为它们而影响自己的行事方式。当然，心理学家们、媒体、我们自己，甚至是本书，对用二分法简单将情绪分为两类都负有责任，情绪并非本质上有着"好"与"坏"的属性。

换句话说，想象一下学生生涯，我们可能会因为家长告诉我们"不要跟坏孩子玩"而逃避有着坏孩子标签的同学，逢迎有着好孩子标签的同学，但是随着我们年龄的增长，逐渐发现那些坏孩子也有非常多的优点，而好孩子，也有着自己的缺点，并不是非黑即白的。情绪也是如此。

情绪也并非随机地拜访我们，每一种情绪都有其独特的目的。就如著名心理学家安东尼·达马西奥所提出的那样：情绪是人类神经系统的功能体现。情绪是人类经过上百万年的进化，根据经验所总结出的对外界信息的反应，来确保自己的行为符合自己所处的社会环境，以保证自己的生存。

无耻的人无法感受到自己的举止是令人不齿的，他们可以做出更恶劣的行为，甚至因此失去他们所拥有的一切。做事鲁莽、不经大脑的人也并不能得到他们想要的尊重，甚至可能在成年前就失去了自己的生命。此时，羞愧、恐惧等负面情绪，反而是我们的救星，来让我们避免危险和不合社会价值观的行为。

设想一个生活中最常见的场景，当让室友收拾杂乱的房间时，我们得到的回应通常是"知道了"。结果三个小时过去了，室友仍将自己埋在手机或是电脑屏幕前，那么在这个时候，每当路过房间看到杂乱的景象时，我们便会产生烦躁的情绪，但会尽力将快爆发的情绪压抑在心底。不过，最终这些情绪即使不在整理房间的最后通牒时发泄，也会在其他小事中发泄出来。这种情况可能显得"很小气"，但我们无法去责怪情绪，因为是我们自己没让它们自由释放。

心理学家卡拉·麦克拉伦说过："幸福快乐并不会告诉你什么时候是危险的，只有恐惧能做到；愤怒并不会告诉你有时生命中会有些许不如意，而悲伤可以；平静无法告诉你是否欠缺准备，而焦虑可以。"

如此看来，将情绪简单一分为二就像是将箱里的工具分成两份，只坚持使用那几样"好"工具，而将剩下的打入冷宫，显然这会大大降低我们的"人生效率"。虽然将情绪分成两大类能促进我们对其的了解，但我们却不应该将"好""坏"看得过于重要，应该将这些情绪看作外面世界与我们沟通的使者，如此一来，我们便能听到使者传递的信息，并且进行适当的回应。

换句话说，所有情绪都有自己的位置，它们是我们生为

人类最为正常且自然的部分。没有这些负面情绪的"规劝"，我们可能会像个疯子一样在路上飙车、酒驾。我们用"负面"给这些"规劝"我们的情绪打上标签，是因为它们让我们不适。但现在我们已经懂得，不适并不一定意味着不好，没有饥饿的不适感我们会饿死，没有疼痛我们会因为失血或是伤口感染而失去生命。当被负面情绪压得喘不过气时，我们需要记住它们只是一个使者，并且可能是友善的使者。

控制情绪

控制情绪的第一步便是改变负面情绪在脑海中的印象，将它们看作外面世界的使者或是警示信号，而不是将它们看作无法接纳的不速之客。

与此同时，想象一下，大脑中有一个类似音乐软件中音频调节器的系统，我们可以通过微调将自己的情绪状态调节至最为舒适的状态。情绪非常强大，无法真正地被控制。尽管控制情绪的方式有限，我们仍然可以通过回应的方式来影响它们的外显表达。情绪不是简单的开关就能随时开启或关闭的，它们更像是色彩一样，覆盖整个谱系，范围巨大，比如红色意味着热烈、豪放，也可以意味着警告、危险；黑色意味着沉稳、镇静，也可以表达悲伤、哀愁。而同时所有的色彩，也都能被梳洗掉，不留一丝痕迹。

情绪也是如此，如果我们任其发展，那么其色彩便会变得越来越丰富和强烈，就如同听音乐时音量一直被调高而没人去控制，最终会达到一个所有听众都难以忍受的临界点，成为噪音与负担。如果我们能更熟悉自己的情绪，那么便能更早地注意到它们，及时进行对话，使其稳定消逝。

只要生命仍在继续，就会有情绪。其中一些令人愉快，一些很难处理，有的甚至会使我们完全失去平衡。我们显然会更喜欢前者，但是无论主观上如何"偏心"，它们都会在某个时间露面。如果我们像大多数人一样，便可能会在某些情况下压抑情绪，在另一些情况下发泄情绪。

压制（将情绪抛在一边而不是与其沟通）和发泄（以爆炸性且不受控制的方式去摆脱情绪）可能是有用的策略，但往往会受到其反噬。第三个选项似乎更为成熟，那便是学习指导自己的情绪。像指挥家或编舞师一样，我们可以处理自己所感受到的情绪，这样当它们产生时，便会以有意识地、

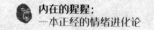

富有同理心和尊重的方式关注它们并采取行动。

　　作为自己人生的"导演"，我们会意识到，尽管无法真正控制自己的情绪（当然也无法摆脱情绪），但是可以选择如何应对情绪，并且可以学习如何以新的方式来构筑情绪有用的方法。意识到情绪具有自己的生命，停止尝试抵制或拒绝令自己感到不适的情绪。与直觉相反，认识到自己一定会因某些情绪而感到不适时，也意味着我们更容易接受这些情绪，从而使它们显得不那么压抑。

　　最后，给自己一些时间去适应与情绪沟通的方式，以便更好地了解自己的情绪。我们进行的探索越多越深入，所感受到的情绪也会越来越自在，它们将变得更加有意义，我们也将直观地觉察到采取什么行动能恢复自己身心的平衡与和谐。

情绪观察记录

结　语

去爱自己，是一生浪漫的开端。

———奥斯卡·王尔德

关于情绪话题的研究，每一次都会带给人耳目一新的感受。相关的知识学得越多，对自己负面情绪的调控以及自我接受的能力也随之达到更新的高度。

我也曾一度想要摒弃、摆脱所有的负面情绪，认为人类的情绪库中，不应该存在这些负面因素，因为它们会降低我的认知能力、工作学习效率，影响人际关系。但到了本书完结之际，我对它们也产生了全新的认识：它们的出现是完全正常的，我们可以通过自己行为上的一些改变，以更多的包容心及好奇心来与其合作，发展出更好的共情以及控制能力。

如果只用一段话来阐释本书的核心，那便是：作为人类，我们有着与生俱来的能力去感受生而为人的情感，负面情绪是我们个体存在的一个重要部分，包容、积极地将它们融入自己的生活，并且学会去回应而不是逃避。如此一来，才会领略到情绪的真正意义以及应对方法。

最后，以著名诗人阿多尼斯《风的君王》作为结尾，愿每个人都能成为自己生命中掌控情绪的君王：

我的旗帜列成一队，相互没有纠缠，

我的歌声列成一队。

我正集合鲜花，动员松柏，

把天空铺展为华盖。

我爱，我生活，

我在词语里诞生，

在早晨的旌旗下召集蝴蝶，

培育果实；

我和雨滴，

在云朵和它的摇铃里、在海洋过夜。

我向星辰下令，我停泊瞩望，

我让自己登基，

做风的君王。

参 考 文 献

第一章：人类是各种知觉的结合体

• Sapolsky, R. M. (2001). Depression, antidepressants, and the shrinking hippocampus. Proceedings of the National Academy of Sciences, 98(22), 12320–12322.

• Peters, S. (2013). The Chimp Paradox: The Mind Management Program to Help You Achieve Success, Confidence, and Happiness. TarcherPerigee.

• Hashmi, J. A., Baliki, M. N., Huang, L., Baria, A. T., Torbey, S., Hermann, K. M., ... & Apkarian, A. V. (2013). Shape shifting pain: chronification of back pain shifts brain representation from nociceptive to emotional circuits. Brain, 136(9), 2751–2768.

• Sheng, J., Liu, S., Wang, Y., Cui, R., & Zhang, X. (2017). The link between depression and chronic pain: neural mechanisms in the brain. Neural plasticity, 2017.

• Ulrich, R. (1984). View through a window may influence recovery. Science, 224(4647), 224–225.

• Yue, X., Vessel, E. A., & Biederman, I. (2007). The neural basis of scene preferences. Neuroreport, 18(6), 525–529.

第二章：了解情绪模型：如何停止不开心

• Adam, E. K., Quinn, M. E., Tavernier, R., McQuillan, M. T., Dahlke, K. A., & Gilbert, K. E. (2017). Diurnal cortisol slopes and mental and physical health outcomes: A systematic review and meta-analysis. Psychoneuroendocrinology, 83, 25–41.

- Ong, A. D., Benson, L., Zautra, A. J., & Ram, N. (2018). Emodiversity and biomarkers of inflammation. Emotion, 18(1), 3.

- Gustafsson, P. E., Janlert, U., Theorell, T., & Hammarström, A. (2010). Life–course socioeconomic trajectories and diurnal cortisol regulation in adulthood. Psychoneuroendocrinology, 35, 613 - 623.

- Panagiotakos, D. B., Pitsavos, C., Chrysohoou, C., Tsetsekou, E., Papa- georgiou, C., Christodoulou, G., . . . the ATTICA study. (2004). Inflam- mation, coagulation, and depressive symptomatology in cardiovascular disease–free people; the ATTICA study. European Heart Journal, 25, 492 - 499.

- Ekman, P., & Keltner, D. (1997). Universal facial expressions of emotion. Segerstrale U, P. Molnar P, eds. Nonverbal communication: Where nature meets culture, 27–46.

- Park, J., Kitayama, S., Miyamoto, Y., & Coe, C. L. (2019). Feeling bad is not always unhealthy: Culture moderates the link between negative affect and diurnal cortisol profiles. Emotion.

- Rosenkranz, M. A., Jackson, D. C., Dalton, K. M., Dolski, I., Ryff, C. D., Singer, B. H., ... & Davidson, R. J. (2003). Affective style and in vivo immune response: neurobehavioral mechanisms. Proceedings of the National Academy of Sciences, 100(19), 11148–11152

• Masuda, T., & Kitayama, S. (2004). Perceiver-induced constraint and attitude attribution in Japan and the US: A case for the cultural depen- dence of the correspondence bias. Journal of Experimental Social Psychology, 40, 409 - 416.

• Masuda, T., & Nisbett, R. E. (2001). Attending holistically versus analytically: comparing the context sensitivity of japanese and americans. Journal of Personality & Social Psychology, 81(5), 922–34.

第三章：社交动物：孤独的黑暗森林

• Bowlby, J. (2012). A secure base. Routledge.

• Clance, P. R., & Imes, S. A. (1978). The imposter phenomenon in high achieving women: Dynamics and therapeutic intervention. Psychotherapy: Theory, Research & Practice, 15(3), 241.

• Cooper, E. A., Garlick, J., Featherstone, E., Voon, V., Singer, T., Critchley, H. D., & Harrison, N. A. (2014). You turn me cold: evidence for temperature contagion. PloS one, 9(12), e116126.

• Dimberg, U., Thunberg, M., & Elmehed, K. (2000). Unconscious facial reactions to emotional facial expressions. Psychological science, 11(1), 86–89.

• Prata, J., & Gietzen, J. W. (2007). The imposter phenomenon in physician assistant graduates. The Journal of Physician Assistant Education, 18(4), 33–36.

• The cooperative human. Nat Hum Behav 2, 427 - 428 (2018) doi:10.1038/s41562-018-0389-1

• Eisenberger, N. I., Lieberman, M. D., & Williams, K. D. (2003). Does rejection hurt? An fMRI study of social exclusion. Science, 302(5643), 290-292.

• Li, N. P., & Kanazawa, S. (2016). Country roads, take me home… to my friends: How intelligence, population density, and friendship affect modern happiness. British Journal of Psychology.

• Kross, E., Berman, M. G., Mischel, W., Smith, E. E., & Wager, T. D. (2011). Social rejection shares somatosensory representations with physical pain. Proceedings of the National Academy of Sciences, 108(15), 6270-6275.

• Abbas,Z.-A.,& Bduchaine,B. (2008). The role of holistic processing in judgements of facial attractiveness. Perception, 37, 1187-1196.

• Eagly, A. H., Wood, W., & Diekman, A. B. (2000). Social role theory of sex differences and similarities: A current appraisal. The developmental social psychology of gender, 12, 174.

• David.G.Myers. (2012). Social psychology. McGraw-Hill Education

• Langlois,J. H., & Roggman, L. A. (1190). Attractive faces are only average. Psychological Science, 1, 115-121.

• Little, A. C., % Hancock, P. J. B. (2002). The role of

masculinity and distinctiveness in judgements of human male facial attractiveness. British Journal of Psychology, 93, 451-464.

• Olson, I. R., & Marshuetz, C. (2005). Facial attracetiveness is appraised in a glance. Emotion, 5, 498-502.

• Thornhill, R., & Gangestad, S. W. (1993). Human facial beauty : Averageness, symmetry, and parasite resistance. Human Nature, 4, 237- 269.

• Galton, F, (1883). Inquiries into human faculty and its development. London: Macmillan.

• Jones, D. (1995). Sexual selection, physical attractiveness, and facial neoteny. Current Anthropology, 36, 723-748.

• Perret, D. I., Lee, K. J., Penton-Voak, I., Rowland, D., Yoshikawa, S., Burt, D., et al. (1998). Effects of sexual dimorphism on facial attractiveness. Nature, 394, 884-887.

• Shackelford, T. K., Schmitt, D. P., & Buss, D. M. (2005). Universal dimensions of human mate preferences. Personality and individual differences, 39(2), 447-458.

• Vicki Bruce & Andy Young. (2012). Psychology Press: New York.

• Davila, J., Steinberg, S. J., Miller, M. R., Stroud, C. B., Starr, L. R., & Yoneda, A. (2009). Assessing romantic competence in adolescence: The romantic competence interview. Journal of Adolescence, 32(1), 55-75.

第四章：逃不掉也绕不开的情绪陷阱

• Elizabeth T. Gershoff, Andrew Grogan-Kaylor. (2016) Spanking and Child Outcomes: Old Controversies and New Meta-Analyses. Journal of Family Psychology.

• Ferguson, C. J. (2013). Spanking, corporal punishment and negative long-term outcomes: A meta-analytic review of longitudinal studies. Clinical Psychology Review, 33, 196‐208.Gershoff, E. T. (2002). Corporal punishment by parents and associated child behaviors and experiences: A meta-analytic and theoretical review. Psychological Bulletin, 128, 539‐579.

• Larzelere, R. E., & Kuhn, B. R. (2005). Comparing child outcomes of physical punishment and alternative disciplinary tactics: A meta-analysis. Clinical Child and Family Psychology Review, 8, 1‐37.Paolucci, E. O., & Violato, C. (2004). A meta-analysis of the published research on the affective, cognitive, and behavioral effects of corporal punishment. The Journal of Psychology, 138, 197‐221.

• Ariely, D., & Wertenbroch, K. (2002). Procrastination, deadlines, and performance: Self-control by p

• Hesiod, the Homeric hymns, and Homerica [M]. W. Heinemann, 1920.

• Harlow, H. F., Dodsworth, R. O., & Harlow, M. K. (1965). Total social isolation in monkeys. Proceedings of the National Academy of Sciences of the United States of America, 54(1), 90.

• Lyons, I. M., & Beilock, S. L. (2012). When math hurts: math anxiety predicts pain network activation in anticipation of doing math. PloS one, 7(10), e48076.

• Perry, J. (2012). The art of procrastination: A guide to effective dawdling, lollygagging, and postponing. Workman Publishing.

• Mischel, W., Ebbesen, E. B., & Raskoff Zeiss, A. (1972). Cognitive and attentional mechanisms in delay of gratification. Journal of personality and social psychology, 21(2), 204.

• Read, D., Loewenstein, G., & Kalyanaraman, S. (1999). Mixing virtue and vice: combining the immediacy effect and the diversification heuristic. Journal of Behavioral Decision Making, 12(4), 257-273.

• Rabin, L. A., Fogel, J., & Nutter-Upham, K. E. (2011). Academic procrastination in college students: The role of self-reported executive function. Journal of Clinical and Experimental Neuropsychology, 33, 344 - 357.

• Erskine, J. A., & Georgiou, G. J. (2010). Effects of thought suppression on eating behaviour in restrained and non-restrained eaters. Appetite, 54(3), 499-503.

• Erskine, J. A., Georgiou, G. J., & Kvavilashvili, L. (2010). I suppress, therefore I smoke: Effects of thought suppression on smoking behavior. Psychological science, 21(9), 1225-1230.

- Logan, G. D., & Barber, C. Y. (1985). On the ability to inhibit complex thoughts: A stop-signal study of arithmetic. Bulletin of the Psychonomic Society, 23(4), 371–373.

- Ophir, E., Nass, C., & Wagner, A. D. (2009). Cognitive control in media multitaskers. Proceedings of the National Academy of Sciences, 106(37), 15583–15587.

- Wegner, D. M. (1994). Ironic processes of mental control. Psychological review, 101(1), 34.

- Wegner, D. M., Schneider, D. J., Carter, S. R., & White, T. L. (1987). Paradoxical effects of thought suppression. Journal of personality and social psychology, 53(1), 5.

- Ellis, A., & Tafrate, R. C. (1998). How to control your anger before it controls you. Citadel Press.

- Epel, E. S., Blackburn, E. H., Lin, J., Dhabhar, F. S., Adler, N. E., Morrow, J. D., & Cawthon, R. M. (2004). Accelerated telomere shortening in response to life stress. Proceedings of the National Academy of Sciences, 101(49), 17312–17315.

- Everson, S. A., Goldberg, D. E., Kaplan, G. A., Julkunen, J., & Salonen, J. T. (1998). Anger expression and incident hypertension. Psychosomatic Medicine, 60(6), 730–735.

- Pettingale, K. W., Greer, S., & Tee, D. E. (1977). Serum IgA and emotional expression in breast cancer patients. Journal of Psychosomatic Research, 21(5), 395–399.

• Maultsby, M. C. (1984). Rational behavior therapy. Prentice Hall.

• Thomas, S. P., Groer, M., Davis, M., Droppleman, P., Mozingo, J., & Pierce, M. (2000). Anger and cancer: an analysis of the linkages. Cancer Nursing, 23(5), 344-349.

• Zajenkowski, M., & Gignac, G. E. (2018). Why do angry people overestimate their intelligence? Neuroticism as a suppressor of the association between Trait-Anger and subjectively assessed intelligence. Intelligence, 70, 12-21.

• Deitch, E. A., Barsky, A., Butz, R. M., Chan, S., Brief, A. P., & Bradley, J. C. (2003). Subtle yet significant: The existence and impact of everyday racial discrimination in the workplace. Human Relations, 56(11), 1299-1324.

• Kivimäki, M., Virtanen, M., Vartia, M., Elovainio, M., Vahtera, J., & Keltikangas-Järvinen, L. (2003). Workplace bullying and the risk of cardiovascular disease and depression. Occupational and environmental medicine, 60(10), 779-783.

• Krueger, R. F., Chentsova-Dutton, Y. E., Markon, K. E., Goldberg, D., & Ormel, J. (2003). A cross-cultural study of the structure of comorbidity among common psychopathological syndromes in the general health care setting. Journal of abnormal psychology, 112(3), 437.

• Stuart, H. (2006). Mental illness and employment

discrimination. Current Opinion in Psychiatry, 19(5), 522-526.

第五章：为什么健康的生活方式会增强对负面情绪的免疫力

• Chekroud, S. R., Gueorguieva, R., Zheutlin, A. B., Paulus, M., Krumholz, H. M., Krystal, J. H., & Chekroud, A. M. (2018). Association between physical exercise and mental health in 1 · 2 million individuals in the USA between 2011 and 2015: a cross-sectional study. The lancet psychiatry, 5(9), 739-746.

• Erickson, K. I., Voss, M. W., Prakash, R. S., Basak, C., Szabo, A., Chaddock, L., ... & Wojcicki, T. R. (2011). Exercise training increases size of hippocampus and improves memory. Proceedings of the National Academy of Sciences, 108(7), 3017-3022.

• Kanning, M., & Schlicht, W. (2010). Be active and become happy: an ecological momentary assessment of physical activity and mood. Journal of sport and exercise psychology, 32(2), 253-261.

• Penedo, F. J., & Dahn, J. R. (2005). Exercise and well-being: a review of mental and physical health benefits associated with physical activity. Current opinion in psychiatry, 18(2), 189-193.

• Salmon, P. (2001). Effects of physical exercise on anxiety, depression, and sensitivity to stress: a unifying theory. Clinical psychology review, 21(1), 33-61.

• Schoenfeld, T. J., Rada, P., Pieruzzini, P. R., Hsueh, B., &

Gould, E. (2013). Physical exercise prevents stress-induced activation of granule neurons and enhances local inhibitory mechanisms in the dentate gyrus. Journal of Neuroscience, 33(18), 7770-7777

• Sofi, F., Valecchi, D., Bacci, D., Abbate, R., Gensini, G. F., Casini, A., & Macchi, C. (2011). Physical activity and risk of cognitive decline: a meta - analysis of prospective studies. Journal of internal medicine, 269(1), 107-117.

• de Cabo, R., & Mattson, M. P. (2019). Effects of Intermittent Fasting on Health, Aging, and Disease. New England Journal of Medicine, 381(26), 2541-2551.

• Jacka, F. N., Cherbuin, N., Anstey, K. J., Sachdev, P., & Butterworth, P. (2015). Western diet is associated with a smaller hippocampus: a longitudinal investigation. BMC medicine, 13(1), 215.

• Lai, J. S., Hiles, S., Bisquera, A., Hure, A. J., McEvoy, M., & Attia, J. (2013). A systematic review and meta-analysis of dietary patterns and depression in community-dwelling adults. The American journal of clinical nutrition, 99(1), 181-197.

• O'neil, A., Quirk, S. E., Housden, S., Brennan, S. L., Williams, L. J., Pasco, J. A., ... & Jacka, F. N. (2014). Relationship between diet and mental health in children and adolescents: a systematic review. American journal of public health, 104(10), e31-e42.

• Psaltopoulou, T., Sergentanis, T. N., Panagiotakos, D. B.,

Sergentanis, I. N., Kosti, R., & Scarmeas, N. (2013). Mediterranean diet, stroke, cognitive impairment, and depression: a meta - analysis. Annals of neurology, 74(4), 580−591.

- Sánchez-Villegas, A., Martínez-González, M. A., Estruch, R., Salas-Salvadó, J., Corella, D., Covas, M. I., ... & Pintó, X. (2013). Mediterranean dietary pattern and depression: the PREDIMED randomized trial. BMC medicine, 11(1), 208.

- Sarris, J., Logan, A. C., Akbaraly, T. N., Amminger, G. P., Balanzá-Martínez, V., Freeman, M. P., ... & Nanri, A. (2015). Nutritional medicine as mainstream in psychiatry. The Lancet Psychiatry, 2(3), 271−274.

- Dawson, D., & Reid, K. (1997). Fatigue, alcohol and performance impairment. Nature, 388(6639), 235.

- Goldstein-Piekarski, A. N., Greer, S. M., Saletin, J. M., & Walker, M. P. (2015). Sleep deprivation impairs the human central and peripheral nervous system discrimination of social threat. Journal of Neuroscience, 35(28), 10135−10145.

- Tamm S., Nilsonne G., Schwarz J., Lamm C., Kecklund G., Petrovic P., Fischer H., Åkerstedt T., Lekander M. The effect of sleep restriction on empathy for pain : An fMRI study in younger and older adults. Sci Rep. 2017 Sep 25;7(1):12236

- Xie, L., Kang, H., Xu, Q., Chen, M. J., Liao, Y., Thiyagarajan, M., ... & Takano, T. (2013). Sleep drives metabolite clearance from the adult brain. science, 342(6156), 373-377.

• Yang, G., Lai, C. S. W., Cichon, J., Ma, L., Li, W., & Gan, W. B. (2014). Sleep promotes branch-specific formation of dendritic spines after learning. Science, 344(6188), 1173-1178.

第六章：重塑思维方式，实现情绪自由

• Kahneman, D. (2011). Thinking, fast and slow. Macmillan.

• Karlsson, N., Loewenstein, G., & Seppi, D. (2009). The ostrich effect: Selective attention to information. Journal of Risk and uncertainty, 38(2), 95-115.

• Knobloch-Westerwick, S., & Meng, J. (2009). Looking the other way selective exposure to attitude-consistent and counterattitudinal political information. Communication Research, 36(3), 426-448.

• Lord, C. G., Ross, L., & Lepper, M. R. (1979). Biased assimilation and attitude polarization: The effects of prior theories on subsequently considered evidence. Journal of personality and social psychology, 37(11), 2098.